互联网+APP 维修大课堂

互联网+APP 维修大课堂
——空调器

张新德　编著

电子工业出版社
Publishing House of Electronics Industry
北京·BEIJING

内 容 简 介

全书共分三大块，先从互联网+APP维修模式的预备知识入手，通过大课堂的形式讲解空调器维修接单、上门检查、用户询问谈价、上门维修的知识储备、工具和备件储备等基础知识；再从电气原理、上门维修方法、上门维修经验等方面介绍上门维修的技能技巧；最后通过上门维修案例来列举上门维修的具体操作方法和步骤，特别列举了上门维修的应急处理经验，同时书末提供上门维修所需的资料和维修指导，供上门维修时查阅。

本书适合APP线上维修师傅、网上APP自由维修接单人员、技师学院师生、培训机构师生、职业技术学校师生、上门维修工、售后维修人员、业余维修人员、维修企业前台服务人员阅读。

未经许可，不得以任何方式复制或抄袭本书之部分或全部内容。
版权所有，侵权必究。

图书在版编目（CIP）数据

空调器／张新德编著．—北京：电子工业出版社，2019.10
（互联网+APP维修大课堂）
ISBN 978-7-121-37405-0

Ⅰ.①空⋯　Ⅱ.①张⋯　Ⅲ.①空气调节器-维修　Ⅳ.①TM925.120.7

中国版本图书馆CIP数据核字（2019）第197848号

策划编辑：富　军
责任编辑：徐　萍
印　　刷：三河市君旺印务有限公司
装　　订：三河市君旺印务有限公司
出版发行：电子工业出版社
　　　　　北京市海淀区万寿路173信箱　邮编 100036
开　　本：787×1 092　1/16　印张：13.75　字数：352千字
版　　次：2019年10月第1版
印　　次：2019年10月第1次印刷
印　　数：2000册　定价：69.80元

凡所购买电子工业出版社图书有缺损问题，请向购买书店调换。若书店售缺，请与本社发行部联系，联系及邮购电话：(010)88254888，88258888。
质量投诉请发邮件至 zlts@phei.com.cn，盗版侵权举报请发邮件至 dbqq@phei.com.cn。
本书咨询联系方式：(010)88254456。

前　　言

"互联网+"已上升到国家层面，标志着"互联网+"时代已到来。互联网+也将引领着维修行业发生前所未有的变化，互联网维修模式正在取代传统维修模式，互联网+APP 的上门维修模式将成为今后新的维修发展方向。

互联网+APP 的维修模式（如阿里修、维修保养、电器管家等）下，用户线上下单，企业前台（或维修师傅个人 APP）根据地图定位的距离就近通知维修师傅线上接单（维修师傅个人从 APP 上接单），线下上门维修。这样一来，用户一键报修，简单方便，维修师傅快速反应，上门维修。通过互联网+APP 可完成从报修、勘察、报价、维修、验收、支付到评价的所有环节。

基于互联网+APP 这一新型维修模式的出现，我们组织有关专家和一线维修人员编写了这套"互联网+APP 维修大课堂"丛书，全面介绍互联网+APP 维修模式程序和框架及上门维修的技能技巧。本书内容全面具体、可操作性强，可供 APP 线上维修师傅、网上 APP 自由维修接单人员、技师学院师生、培训机构师生、职业技术学校师生、上门维修工、售后维修人员、业余维修人员、维修企业前台服务人员参考使用，以弥补新型维修模式下参考用书的空白。

本书体现空调器互联网+APP 随学随用的模式，提炼互联网理论知识，突出 APP 实用操作，强化互联网+APP 上门维修空调器的方法和实用经验，实例呈现空调器线上接单线下上门维修的技能训练。既有服务互联网+APP 上门维修入门级学员的工作基础，又有服务中高级别上门维修的具体操作技能，目的是为广大 APP 线上线下维修人员提供与基础理论紧密结合的操作指导，为广大自由接单维修人员提供"干货"式维修经验和技能技巧。

在内容的安排上，全书以互联网+APP 基础知识、预备知识、必备知识为基础和入门重点，着重介绍空调器上门维修的维修方法秘诀、维修实战技巧和维修实用指导及资料查询。内容全面系统，但突出上门维修的针对性，做到该详则详、该略则略、内容全面、彩色排版、形式新颖、图文并茂。书中插入了关键安装维修操作的小视频（扫描书中二维码直接在手机上观看），供读者参考。为方便读者查询对照，本书所用符号遵循厂家实物标注（各厂家标注不完全一样），不进行国标化统一。所测数据，如未特殊说明，均采用MF47型指针式万用表和DT9205A型数字式万用表测得。

  本书由张新德编著，刘淑华、张利平、张泽宁、张云坤、陈金桂、张波、王光玉、刘运和、罗小姣、刘桂华、刘玉华、王灿等同志也参加了部分内容的编写、资料收集、整理和文字录入等工作。本书在编写和出版过程中，得到了出版社领导和编辑的热情支持与帮助，值此成书之际，向这些领导、编辑、参编者和同人一并表示深情致谢！

  由于作者水平有限，书中错漏之处在所难免，恳请广大读者批评指正。

编著者

目 录

第1章 互联网+APP 知识简介 ... 1
- 1.1 什么是互联网+ ... 1
- 1.2 什么是 APP ... 2
- 1.3 互联网+APP 如何运作 ... 3
- 1.4 手机 APP 如何接单 ... 4
- 1.5 自由维修人如何接单 ... 5
- 1.6 PC 端如何派单 ... 7
- 1.7 师傅如何查看订单并上门维修 ... 8
- 1.8 互联网+APP 上门维修具体服务流程是什么 ... 9
- 1.9 用户如何评价 ... 11

第2章 互联网+APP 维修预备知识 ... 13
- 2.1 工具介绍、选购和操作 ... 13
  - 2.1.1 修理阀 ... 13
  - 2.1.2 真空泵 ... 15
  - 2.1.3 扩口器 ... 16
  - 扩喇叭口操作，扫码看视频 2-1 ... 18
  - 2.1.4 切管器 ... 18
  - 切管器切割铜管，扫码看视频 2-2 ... 20
  - 2.1.5 焊接工具 ... 20
  - 空调铜管焊接设备简介，扫码看视频 2-3 ... 24
  - 2.1.6 万用表 ... 25
  - 2.1.7 钳形电流表 ... 25
  - 用钳形电流表测空调外机电流，扫码看视频 2-4 ... 25
- 2.2 备件介绍、选用和检测 ... 29

2.2.1　保险管和保护器 ·· 29

2.2.2　压敏电阻 ·· 30

2.2.3　启动电容 ·· 31

2.2.4　辅热电加热部件 ·· 32

2.2.5　温度传感器 ·· 32

2.2.6　交流接触器 ·· 34

2.2.7　变压器 ··· 35

2.2.8　电磁四通阀 ·· 36

2.2.9　单向截止阀 ·· 37

2.2.10　主板 ··· 37

2.2.11　遥控接收器 ·· 40

2.3　材料加注液的选用 ·· 40

2.3.1　室内排水管 ·· 40

2.3.2　清洗剂 ··· 41

2.3.3　制冷剂 ··· 41

2.3.4　铜管 ·· 42

2.3.5　其他易耗材料 ·· 44

增加氧气和燃气的方法，扫码看视频2-5 ·· 44

2.4　元器件在路检测 ·· 45

2.4.1　电子膨胀阀的检测 ·· 45

2.4.2　功率模块的检测 ·· 46

2.4.3　压缩机的检测 ·· 54

2.4.4　主板的检测 ·· 55

2.5　空调器上门装机步骤 ··· 62

2.6　空调器上门移机步骤 ··· 78

空调移机收氟，扫码看视频2-6 ··· 80

空调移机，扫码看视频2-7 ·· 84

2.7　使用修理阀和真空泵对空调器进行抽真空训练 ··· 84

第3章　互联网+APP维修必备知识 ··· 87

3.1　空调器结构组成 ·· 87

目录

- 3.1.1 分体壁挂式空调器的结构 ... 87
- 3.1.2 分体柜式空调器的结构 ... 93
- 3.2 空调器制冷/热原理 ... 94
  - 3.2.1 空调器制冷原理 ... 94
  - 3.2.2 空调器制热原理 ... 95
- 3.3 空调器最新功能原理介绍 ... 95
  - 3.3.1 空调除甲醛功能原理 ... 95
  - 3.3.2 空调清新空气功能原理 ... 96
  - 3.3.3 空调自清洁功能原理 ... 97
  - 3.3.4 空调 WiFi 功能原理 ... 98

第 4 章 互联网+APP 维修方法秘诀 ... 101

- 4.1 上门维修方法 ... 101
- 4.2 上门检修思路 ... 105
- 4.3 上门维修秘诀 ... 107
- 4.4 空调通病良方 ... 110
- 4.5 控制板换板修机 ... 111
  - 原配板换板维修,扫码看视频 4-1 ... 111
  - 定频空调通用板换板维修,扫码看视频 4-2 ... 113

第 5 章 互联网+APP 维修实战技巧 ... 117

- 5.1 TCL 空调器上门维修实训 ... 117
- 5.2 长虹空调器上门维修实训 ... 122
- 5.3 格兰仕空调器上门维修实训 ... 132
- 5.4 格力空调器上门维修实训 ... 138
- 5.5 海尔空调器上门维修实训 ... 153
- 5.6 海信空调器上门维修实训 ... 164
- 5.7 美的空调器上门维修实训 ... 172
- 5.8 志高空调器上门维修实训 ... 181

第 6 章 互联网+APP 资料查阅 ... 187

- 6.1 空调器故障代码 ... 187
  - 6.1.1 TCL 变频空调故障代码 ... 187

6.1.2 长虹变频空调故障代码 188
6.1.3 格力变频空调故障代码 189
6.1.4 海尔壁挂式变频空调故障代码 194
6.1.5 海尔柜式变频空调故障代码 195
6.1.6 美的变频空调故障代码 196
6.1.7 志高变频空调故障代码 196
6.2 空调器芯片资料 198
6.3 变频空调器电路维修指导 207

第1章

互联网+APP 知识简介

1.1 什么是互联网+

通俗地说，互联网+就是"互联网+各个传统行业"，但这并不是两者的简单相加，而是利用信息通信技术及互联网平台，让互联网与传统行业进行深度融合，创造新的发展生态。互联网+家电维修行业两者的关系如图1-1所示。

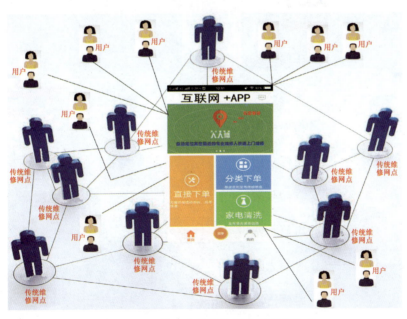

图1-1 互联网+家电维修行业两者的关系

1.2 什么是 APP

APP 是英文 Application（应用程序）的简称，是应用在 iOS、MAC、Android 等系统中的应用软件，目前较为流行的智能手机和平板电脑大多采用 iOS（苹果移动设备）和 Android（安卓）系统，所以 APP 也是应用在智能手机和平板电脑上的第三方应用程序。随着移动互联网的迅速发展，APP 走入了人们的生产和生活领域，为人们的生产和生活带来了极大的便利，也为人们提供了前所未有的移动信息化软件客户端。而这些 APP 软件客户端都集中在手机或平板电脑的应用商店里（如图 1-2 所示），用户需要哪方面的 APP，就到手机或平板电脑的应用商店里下载。

图 1-2 在应用商店里下载 APP

1.3 互联网+APP 如何运作

互联网+APP 是通过专业的互联网服务平台，为用户提供 O2O 互联网线上服务，快捷、方便，用户无须出门即可享受到优质的线下服务。用户通过手机上的 APP 发布需要服务的发单信息，手机 APP 自动定位离用户最近的接单人，接单人在规定的时间内上门提供服务。互联网+APP 不仅省去了中间环节，而且维修费用更加实惠。在服务过程中，APP 营运商这个中间环节还要对发单和接单人进行监管，发单和接单人可对对方的服务进行评价，提供后续服务参考，这种方式比传统单纯的店面维修更加透明规范、科学合理。互联网+APP 具体运作示意图如图 1-3 所示。

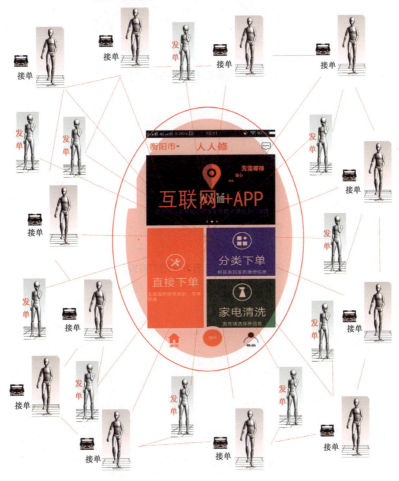

图 1-3 互联网+APP 具体运作示意图

1.4 手机 APP 如何接单

手机 APP 接单的具体操作步骤如下：

（1）用户下载 APP 后，手机快速注册，用户可在线发布空调清洗或安装维修的订单。

（2）接单人下载 APP 后，手机快速注册，在线申请兼职自由维修人资格，APP 平台审核通过后便可同步接收身边的订单。

（3）根据自己的维修能力，自主选择周边订单，接单列表中会显示发单人跟接单人的实际距离、要办的事项及发单人的详细地址（如图 1-4 所示）。

图 1-4　接单列表

（4）接单时，可与发单人在线聊天，即时发送语音、图片和文字信息，以了解机器故障的大致情况，方便上门时带齐工具和备件。准备好之后，让发单人发行程，即可快速上门维修。也可在社区发行程，让发单人主动找到接单人。

（5）接单维修好之后，接单人点击 APP 上的"完成维修"，发单人点击"确认订单"，费用即可到接单人的 APP 余额中。接单人点击"我的"，再点"我的余额"，点"提现"，界面提交提现申请，申请成功后，APP 会将提现金额打到申请人的银行账户或支付宝中（系统会显示几天内到账）。发单人和接单人均可在 APP 上进行在线电子签收、电子结算，还可将数据信息进行保存。

（6）所有的费用及维修项目清单均可在 APP 上查询到。不同的 APP 营运商有不同的提成方案，有的采用付年费的 VIP 制，在一定的时间内，APP 营运商不收取每单的提成；若接单方不是 VIP，则采用每单提成一定额度（如 15%）的佣金的方式。

> **提示**：采用互联网+APP 接单维修时，发单人和接单人不要轻易取消订单，否则会造成不良后果。发单人在没有接单人接单时，点击"我的发单"，可以随时取消订单；若发单已有维修人接单，则不能取消订单，若一定要取消，则必须致电 APP 平台客服进行说明。接单人接单后不能取消，必须完成订单，若接单人接单后不管不顾，APP 平台会将接单人拉入黑名单，若接单人确因客观原因不能接单，应先致电发单人说明原因，再致电客服说明情况。

1.5 自由维修人如何接单

非专业坐店师傅的自由维修人要从 APP 上接单（以"人人修"APP 为例进行说明），先要申请自由维修人（如图 1-5 所示），再阅读申请人注意事项和协议条款（如图 1-6 所

图 1-5　申请自由维修人

示），并据实填写自由维修人的有效身份信息、提供半身免冠工作照（如图1-7所示）。提交后等APP公司审核通过后则可上岗接单。

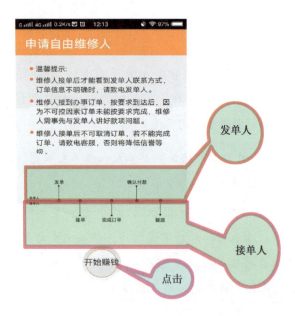

图1-6　申请人注意事项和协议条款

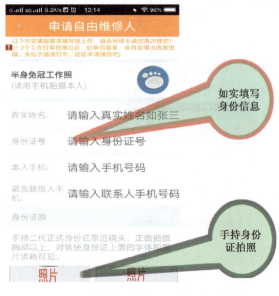

图1-7　填写自由维修人的有效身份信息并提供照片

1.6 PC 端如何派单

互联网+APP 软件一般分为客户端和服务器端，客户端供发单人和接单人通过手机或平板电脑发单和接单使用，服务器端则供平台营运商使用。有些 APP 分为用户端和师傅端，PC 端将用户端的订单派发到师傅端，由签约师傅接单完成。有些 APP 则是将用户端和师傅端合并在一个 APP 中，发单人直接在 APP 中发单，师傅在同一个 APP 中抢单。PC 端在服务器上，PC 端不派单，只起监管和结算作用。

有些互联网+维修 APP 派单是通过专用的 APP 管理端来实现的，例如维修宝，维修企业或个人通过创建公司（如图 1-8 所示）后，直接在管理端进行派单（如图 1-9 所示），并且可在管理端进行工单搜索（如图 1-10 所示）。所以，有了 APP 管理端对派单进行管理，就为派单提供了更多便利。

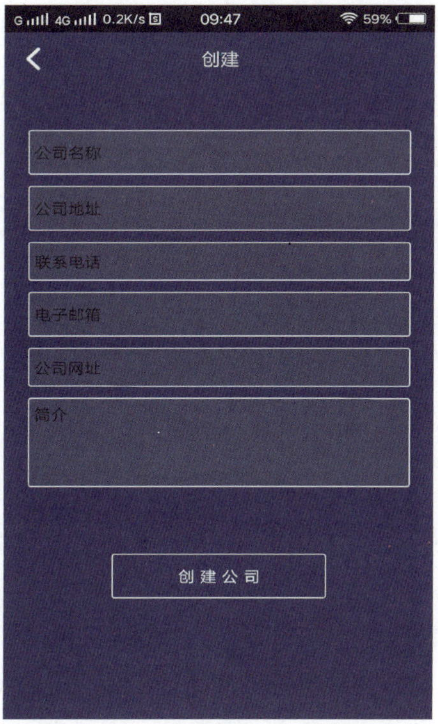

图 1-8　在 APP 管理端创建公司

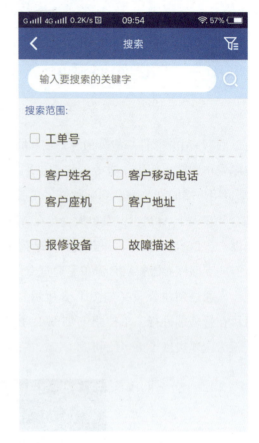

图 1-9　在管理端进行派单　　　　图 1-10　进行工单搜索

1.7　师傅如何查看订单并上门维修

师傅通过互联网+APP 查到自己有把握维修好的订单后，先点击"订单详情"（如图 1-11 所示），查看订单信息中要办的事项、发单方对故障描述的语音说明、上门时间和上门地址。根据语音说明大致确定故障部位，点击"接单"后，根据语音说明确定上门维修必须要带的工具和备件。上门时点击"订单详情"中的地图进行导航，导航到发单地址时先进行简单沟通、询问、试机，再准备维修场地，拆机进行维修，修好后一定要清理现场。若遇到不能快速解决的故障或没有备件的故障，可采用应急处理方式进行处理，等找到原装备件时再进行更换（注意跟发单方协商好）。

第 1 章　互联网+APP 知识简介

图 1-11　订单详情

1.8　互联网+APP 上门维修具体服务流程是什么

师傅接到 APP 派修的订单后，可按以下步骤进行上门维修。

（1）上门前准备。维修师傅在接到派单后，与客户约定具体的上门时间，出发前穿好工作服，佩戴好工作卡，检查好工具包（常用工具、地垫、价格表）。

（2）入户要求。维修师傅按约定时间到达客户住处时，连续轻敲房门两声（力度适中），间隔30秒后再敲门两声，有门铃的要先按门铃，若5分钟后仍未开门则电话联系。客户开门后，师傅面带微笑并问好，说明自己是家电维修服务人员并出示工作卡，征求客户同意后，先套上干净的鞋套（以免踩脏客户的地板），然后在维修家电附近铺好地垫（以免弄脏和刮花地板），将工具摆放在地垫上，拆卸下来的零部件都应放置在地垫上。

（3）问题检测。维修师傅向客户了解问题，并通过试机、拆机检测等手段判断问题所在。①询问时，应注意全方面了解家电问题点及问题表现形式、出现频率、出现时间等相关细节，以便于判断。②试机时，尽可能地进行全面使用，进一步了解问题所在。③拆机时，应将卸下的螺钉及小配件分类放置在地垫上，避免丢失。④拆机过程中如遇到比较老旧的机子，拆卸可能造成机器损坏的，应将可能的损坏情况及问题大小告知客户，如客户在知道拆机有可能造成损坏的情况下仍坚持拆机的，则让客户签字说明拆机可能造成的后果由其承担。

（4）告知客户问题及维修方式。师傅判断出问题所在后，向客户说明其家电故障问题，并向客户说明可采用的维修方式及报价，供客户选择。客户确认采用何种维修方案，并进入维修流程。若在师傅可以维修的情况下，客户不愿意维修，则将机器复原（有拆机情况时，向客户收取20元上门检测费；若无拆机情况，则不能收取）；若师傅因能力有限/无零部件无法维修，则不收取任何费用。

（5）若需要更换零配件，正好师傅带有该型号的零配件的，应向客户说明相应的维修费及材料费，在征得客户同意的情况下，现场直接为客户更换，并将更换下来的坏的零配件留给客户。若师傅暂时没有相同型号的零配件，则和客户协商为其寻找相应零配件（寻找零配件的时间一般约定为3～5天），若无法找到相应零配件则不收取任何费用，若找到相应零配件则按价格表收取维修费+材料费。

（6）若空调需清洗，则按以下步骤进行：①清洗前先试机，检查空调是否能够正常运行；②开始清洗时先把空调滤网取下来，然后拆开空调外壳，再清洗空调的外壳、滤网等。

（7）清洗或维修完毕后复原机子，并请客户试机验收。客户验收完毕后，师傅将所有工具及垫子收拾打包好，并将拆机检测/维修时产生的维修垃圾全部处理干净。

☆ 提示：上门维修服务的流程如图1-12所示。

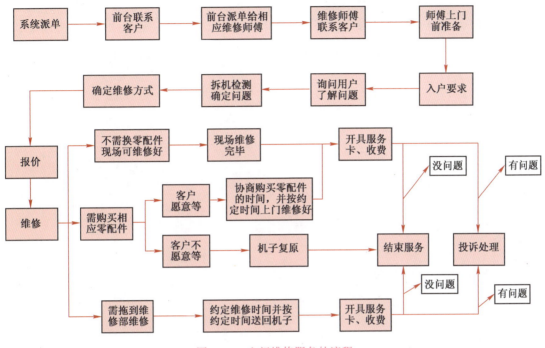

图 1-12　上门维修服务的流程

1.9　用户如何评价

　　师傅通过互联网+APP接单完成订单后，发单方可对接单师傅的工作进行评价。例如，用户在阿里修中下单后，阿里修系统将根据服务人员的需求和距离调配一位最合适的师傅给用户，帮助用户维修，用户则需要给服务人员做出评价，阿里修客服也会定期进行电话回访。对于接单方来说，评价更为重要，它是后续用户及维修企业的重要参考。

　　采用派单形式的APP平台，每一位师傅都是根据制定的培训教材、培训流程进行了上岗培训的。每个APP平台都有一套自己的培训体系，包括理论培训、实操培训、进阶培训、回炉培训等不同的环节，并且以相应的考试和评级作为对培训效果的评判。在此基础上，每个线下服务网点都建立了相应的培训子系统，来培训在平台签约的师傅，以便更专业化、标准化地服务当地的用户，用户的评价自然成为 APP 平台考核签约师傅的标准之一。

> **提示**：成为自由维修师傅后，一定要诚实守信，一诺千金，使命必达，准时准点，确保安全；把信誉看得比金钱重要，维修一单获得一个好评，树立自己的口碑，打造个人（公司）形象。

第 2 章

互联网+APP 维修预备知识

2.1 工具介绍、选购和操作

空调维修常用工具有：螺丝刀（一字、十字两把）、活动扳手、开口扳手、内六角扳手、氨气瓶、安全带、安全绳、冲击钻、万用表、钳形电流表、修理阀、真空泵、老虎钳、尖嘴钳、斜口钳、扩口器、电烙铁、电子温度计等。另外，若是清洗空调，需携带清洗机、抹布（两块）、刷子（多种）、清洗工具包、伸缩梯（可视情况携带）、清洗剂等。

2.1.1 修理阀

修理阀是安装、维修空调器的必备工具之一，常用于空调器抽真空、充注制冷剂及测试压力。修理阀有三通修理阀和复式修理阀（又称仪表分流器）两种（如图2-1所示）。三通修理阀由阀帽、阀杆、旁路电磁阀接口、制冷系统管道接口、压缩机接口等组成，它配有压力表，其正压最大量程一般为 0.9～2.5MPa，负压均为 0～0.1MPa。复式修理阀由低压表、高压表、阀门、制冷系统管道接口、压缩机接口等组成。

目前，采用 R22 有氟制冷剂的空调器，通常使用三通检修表阀充注制冷剂，三通检修表阀的优点是：体积小，携带方便，适合检修空调器简单故障和上门维修。变频空调器采用的制冷剂为 R410a、R32（格力定频空调现在也采用 R32）新型冷媒，充注制冷剂应采用专用的复合表阀和使用 R410a、R32 专用真空泵进行操作（如图2-2所示）。因此，我们在选购修理阀时，最好将两种修理阀都配齐。

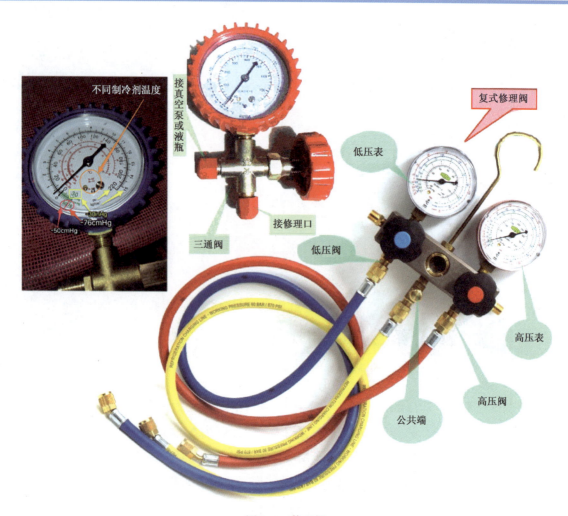

图 2-1　修理阀

图 2-2　R410a、R32 专用修理阀

> **提示**：在使用复式修理阀抽真空时，应注意以下事项：①将低压表下端的接头连接设备的低压侧，高压表下端的接头连接设备的高压侧，将公共接口连接到真空泵的抽气口；②低压侧充注氟利昂时，公共端连接氟利昂的钢瓶，低压接口连接设备的低压侧（气态加注），用高压接口来排出公共接口软管内的空气；③高压侧充注氟利昂时，公共端连接氟利昂的钢瓶，高压接口连接设备的高压侧（液态加注），用低压接口来排出公共接口软管内的空气；④加冷冻油时，将设备内部抽至负压，把公共端的软管放入冷冻油内（装冷冻油的容器应高于设备），打开低压阀，利用大气的压力将冷冻油抽入设备内。

2.1.2 真空泵

真空泵（如图 2-3 所示）是用来抽去制冷系统内的空气和水分的。由于系统真空度的高低直接影响空调器的质量，因此，在充注制冷剂之前，都必须对制冷系统进行抽真空处理。反之，当系统中含有水蒸气时，系统中高、低压的压力就会升高，在膨胀阀的通道上结冰，不仅会妨碍制冷剂的流动，降低制冷效果，而且增加了压缩机的负荷，甚至还会导致制冷系统不工作，使冷凝器压力急剧升高，造成系统管道爆裂。

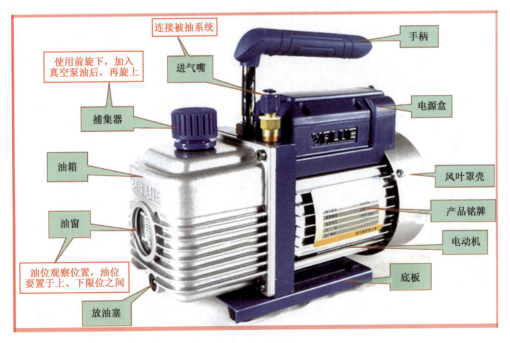

图 2-3 真空泵

真空泵上有吸气口和排气口，使用时，吸气口通过真空管与三通修理阀压力表连接。在安装或维修空调器时，一般选用排气量为2L/s，且带有R410接头的变频空调专用真空泵。真空泵使用操作步骤如下：①取下进气帽，连接被抽容器，所用管道宜短；②检查进气口连接处是否并紧，被抽容器及所用管道是否密封可靠，不得有渗漏现象；③取下捕集器上的排气帽，打开电源开关，泵开始启动运行；④泵使用结束后，关闭泵和被抽容器间的阀门；⑤关闭泵上的电源开关，拔下电源插头；⑥拆除连接管道；⑦盖紧进气帽及排气帽，防止脏物或者漂浮颗粒进入泵腔。

真空泵使用注意事项：①真空泵在使用中要注意油位变化，油位太低会降低泵的性能，油位太高则会造成油雾喷出。当油窗内油位降至单线油位线以下5mm或双线油位线下限以下时，应及时补加真空泵油。②上门维修时，通常采用微型真空泵，其具有高真空容积、抽气效率高、终身过滤、携带方便等优点。③由于真空泵工作时会产生振动，因此应选择无振动的泵或者采取防振动措施，并且选择真空泵的极限真空度要高于真空设备工作所需的真空度0.5～1个数量级。

2.1.3 扩口器

在对空调器管路进行焊接，或将管路与阀门进行连接时，需要将其中一条管路的管口扩成杯形或喇叭形，这就需要使用专用的工具进行扩管，即扩口器，如图2-4所示。选购扩口器时可选择使用长手柄，使90°圆锥下压以获得相应的喇叭口。此种扩口器操作方便，非常适合新手使用，购买价格为30～70元，地处偏远的县市可从淘宝上购买。扩口时一般选用偏心扩口器（如图2-5所示），偏心扩口器扩出来的喇叭口更光滑，无细缝。

下面介绍使用扩口器的操作方法及注意事项。

1. 扩喇叭口操作要领

（1）选择好合适的扩口支头和夹板。

（2）将铜管放在夹板中，并将固定螺母拧紧。铜管露出夹板的长度与铜管壁至夹板斜面的长度相同。

（3）顶压器上的锥形支头换成扩喇叭口所用的扩口支头，替换时，同样要注意锥形支头内部的钢珠，不要丢失。按照与扩杯形口相同的方法，将顶压器顶压住管口，进行扩管操作。

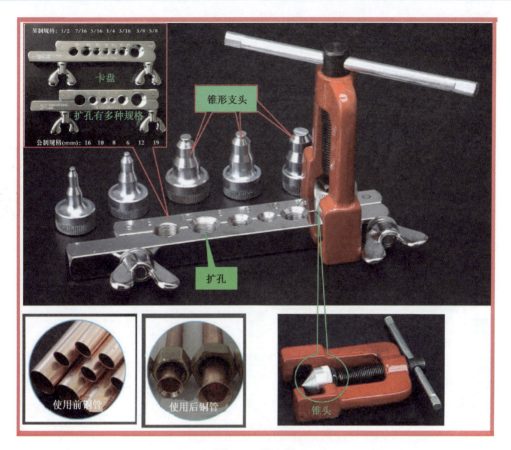

图 2-4 扩口器

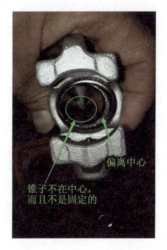

图 2-5 偏心扩口器

（4）管口被扩成喇叭形后，就可以将其从夹板中取下。

（5）扩管时，铜管直径不同（判断用哪种夹盘，最简单的方法就是用铜管去套，或直接观察，英制管径稍大点，英制夹盘的孔径比公制的孔径也要稍大点），其露出夹板的长度也不尽相同，需要根据实际情况进行调整。在顶压管口时，用力不当会使管口出现歪口、裂口等现象。操作中如果出现这种情况，就要将损坏部分切割下来，然后重新进行扩口操作。

 扩喇叭口操作，扫码看视频 2-1

2. 扩杯形口操作要领

（1）根据需要扩口的铜管直径来选择合适的夹板和锥形支头。

（2）松开夹板上的紧固螺母。

（3）将铜管放在合适的孔径中，并使铜管露出夹板的长度与锥形支头的长度相等。

（4）将夹板上的紧固螺母拧紧，使铜管固定在夹板中。

（5）选择合适的锥形支头安装在顶压器上。若顶压器上安装有以前使用过的锥形支头，那么在拆下时要注意锥形支头内部的钢珠，以防丢失。

（6）锥形支头安装好后，将顶压器垂直顶压在管口上，并使顶压器的弓形脚卡住扩口夹板。

（7）沿顺时针方向旋转顶压器顶部的顶压螺杆，直到顶压器的锥形支头将铜管管口扩成杯形。

（8）铜管管口扩成杯形后，将顶压器从夹板上卸下。

（9）松开夹板上的固定螺母，即可将铜管取下。

2.1.4 切管器

空调器制冷管路的切割要求十分严格，普通的切割方法会使铜管产生金属碎屑，这些碎屑可能会造成制冷管路的堵塞。因此，切割管路时必须使用切管器进行切割。切管器实物如图 2-6 所示。购买时应选择割刀的规格为 3～35mm，价格在 30～70 元之间。

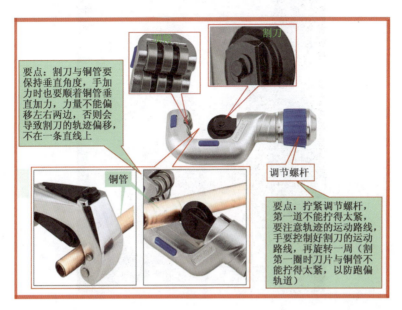

图 2-6 切管器实物

切管器是在空调器管路检测过程中常用的加工器具。使用切管器切管时，应始终注意滚轮与刀片要垂直压向铜管，绝不能侧向扭动，还要防止进刀过快、过深，以免崩裂刀刃或造成铜管变形。具体操作方法及注意事项如下：

（1）准备好切管工具和待切割材料后，先旋转切管器的进刀旋钮，调整刀片与滚轮的间距，使其能够容下需要切割的管路。

（2）将需要切割的铜管放置于刀片和滚轮之间，保证铜管与切管器的刀片相互垂直，然后缓慢旋转切管器末端的进刀旋钮，使刀片垂直顶在铜管的管壁上。

（3）用手抓牢铜管，以防止铜管脱滑，然后转动切管器，使其沿顺时针方向绕铜管旋转。当切管器的刀片绕铜管旋转一周后，旋转切管器末端的进刀旋钮，使刀片始终顶在铜管上。旋转切管器时，要保证刀片与铜管保持相互垂直。

（4）继续转动切管器，在用刀片切割铜管管壁的同时调节进刀旋钮。每转动一周就要调节一次进刀旋钮，并且每次的进刀量不能过大，直到将铜管切断。

（5）铜管切割好后，在铜管的管口上会留有些许毛刺，此时可使用毛刺修割器（刮管刀，如图 2-7 所示）将这些毛刺去除。将毛刺修割器旋出后，将铜管的管口放在毛刺修割器上来回移动，直到管口平滑无毛刺为止。

图 2-7 毛刺修割器

 切管器切割铜管，扫码看视频 2-2

2.1.5 焊接工具

空调铜管焊接时需要的材料和工具有：磷铜焊条、燃气（煤气、天然气、丁烷等均可）、助燃剂氧气、焊枪（焊炬）等（如图 2-8 所示）。焊接时的操作方法如下：①根据工作量大小选择适当型号的焊枪，然后将焊枪两根胶管分别接在对应的氧气瓶出口和燃气瓶出口上（焊枪蓝色管连接氧气瓶，红色管连接燃气瓶，切勿接错），接好后检查氧气瓶、燃气瓶的压力表和连接软管密封情况（可用盆装满水，然后把焊枪浸在水中，若冒泡说明存在漏气，需重新在接口上增加扎带，并且同一接口上的扎带的锁扣不要在同一个平面上），如图 2-9 所示；②焊枪连接正常则先将燃气旋钮打开并点燃，再轻轻打开氧气旋钮，调整燃气和氧气开关（即调节燃气和氧气的比例），使焊枪火焰到中性焰（内焰为亮蓝色、外焰为天蓝色），即可焊接；③先用火焰对准铜管焊口加热（加热铜管时应来回移动，均匀加热），当焊口呈桃红色时，再将焊条放在焊口处，用蓝色火焰同时加热焊缝及焊条，直至焊条熔化熔满焊缝，焊接结束；④焊接完毕先关闭焊枪的氧气旋钮，再关闭燃气旋钮，最后关闭氧气瓶和燃气瓶的总开关。

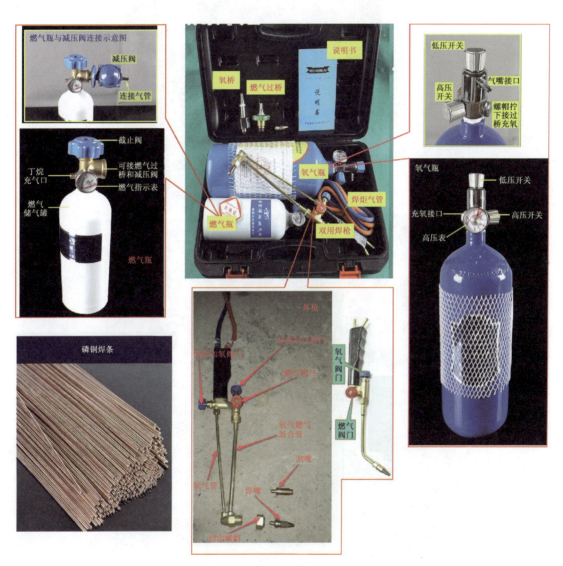

图 2-8　焊接工具

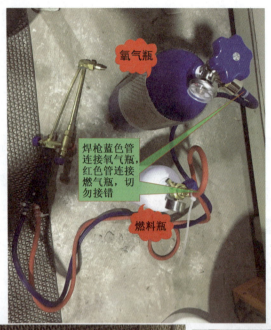
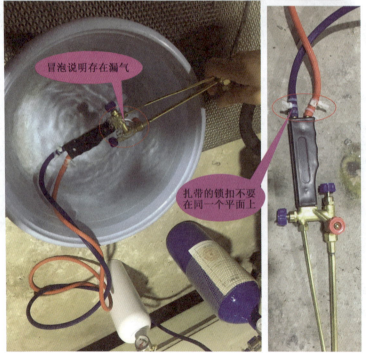

图 2-9　焊枪的连接

要注意焊接质量,正常的焊点(如图2-10所示)圆滑光亮,焊得牢固,不容易漏制冷剂;焊得不好的焊点(如图2-11所示),使用时间久了容易出现漏氟现象。

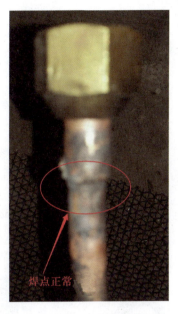

图2-10　正常的焊点

图2-11　焊得不好的焊点

> 提示:上门维修时,为了携带方便,可采用比氧气丁烷焊炬更简单的手持卡式焊枪(如图2-12所示)。因为铜的熔点为1083℃,而该焊枪的最高温度可达1300℃,所以上门维修空调时采用高温液化气喷火枪更简捷、轻巧、安全、实用。

图 2-12 手持卡式焊枪

空调铜管焊接设备简介，扫码看视频 2-3

2.1.6 万用表

万用表是万用电表的简称，又称为复用表、多用表、三用表、繁用表等，是电子制作中必备的测量仪表，一般以测量电压、电流和电阻为主要目的。它是一种多功能、多量程的测量仪表，通常万用表可测量直流电流、直流电压、交流电流、交流电压、电阻和音频电平等，有的还可以测量电容量、电感量及半导体的一些参数（如 β）等。

万用表按显示方式分为指针式万用表（见图2-13）和数字式万用表（见图2-14），指针式万用表是以表头为核心部件的多功能测量仪表，测量值由表头指针指示读取；数字式万用表的测量值由液晶显示屏直接以数字的形式显示，读取方便，有些还带有语音提示功能。万用表是共用一个表头，集电压表、电流表和欧姆表于一体的仪表。万用表有3个表盘表示，分别是欧、伏和安，它们分别表示电阻、电压和电流。如要测量电阻，就把拨盘拨到欧姆的位置，然后用两支表笔进行测量。测量出来的值乘以拨到挡位的单位就可以了。电流和电压都是一样的测量方法，也可以测试出其中的两项用欧姆定律来进行计算，公式是：电流＝电压÷电阻。

2.1.7 钳形电流表

钳形电流表也叫钳形表、钳表、卡表，有的地方还叫钩表，它是一种用于测量正在运行的电气线路的电流大小的仪表，可在不断电的情况下测量电流。钳形电流表按数值显示的方式可分为指针式与数字式两种（如图2-15所示），使用时只要按动活动手柄，使钳口打开，放置被测导线即可。钳形电流表是由一只电磁式电流表和穿心式电流互感器组成的，电流互感器的铁芯在捏紧扳手时可以张开；被测电流所通过的导线可以不必切断就穿过铁芯张开的缺口，当放开扳手后铁芯闭合。

钳形电流表是一种相当方便的测量仪器，它最大的特点就是不需要剪断电线而能测量电流值。一般用电表测量电流时，常常需要把线剪断并把电表连接到被测电路，但使用钳形电流表时，只要把钳形电流表夹在导线上便可测量电流。

 用钳形电流表测空调外机电流，扫码看视频2-4

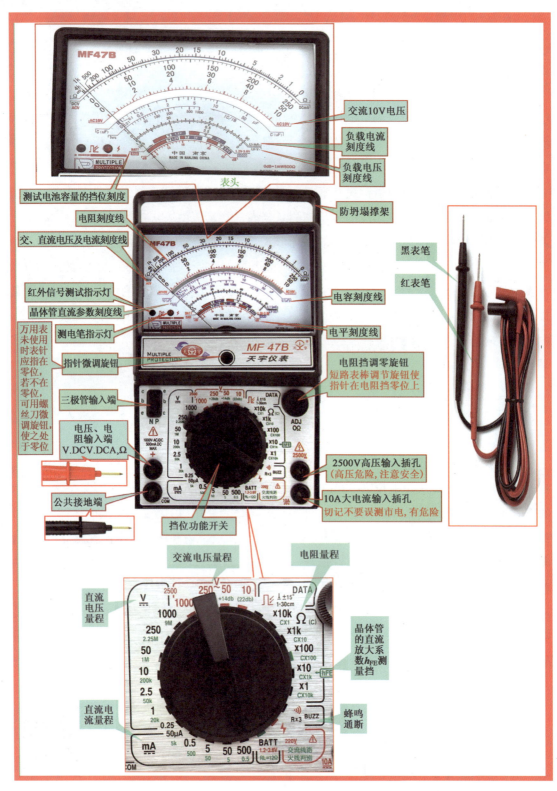

图 2-13 指针式万用表

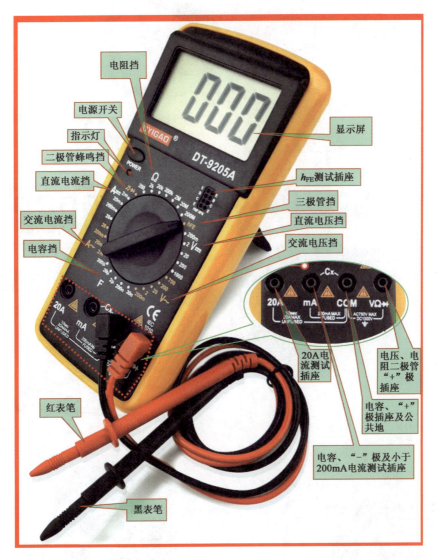

图 2-14　数字式万用表

> **提示**：钳形电流表使用注意事项：①用钳形电流表检测电流时，一定要夹入一根被测导线（电线），夹入两根（平行线）则不能检测电流；②检查仪表指针是否在零位，若不在，需进行机械调零；③选择适当的量程；④注意钳形表的电压等级；⑤当导线夹入钳口时，若发现有振动或碰撞声，应将仪表活动手柄转动几下，或重新开合一次，直到没有噪声才能读取电流值。

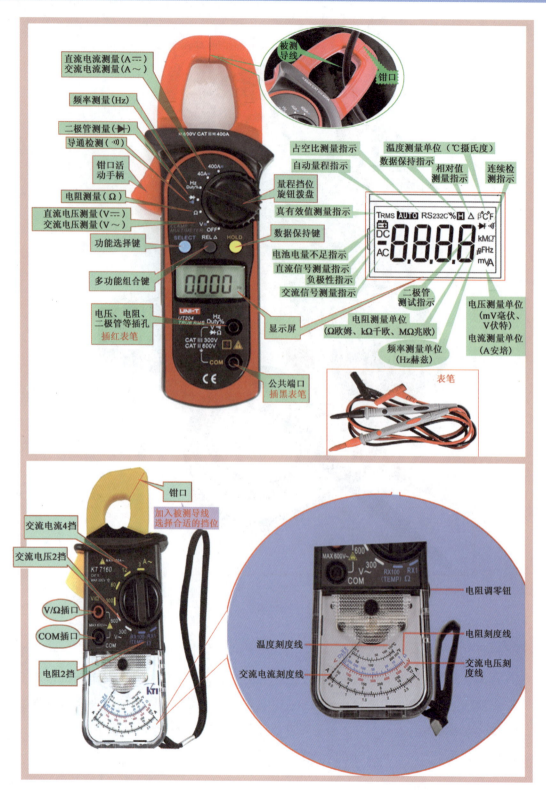

图 2-15　钳形电流表

2.2 备件介绍、选用和检测

上门维修时，可根据用户对产品的故障现象描述，进行故障初判，然后带上必备配件。上门维修空调时需携带的备件有：保险管、压敏电阻、电容、辅热电加热部件（PTC、加热管）、传感器、热保护器、信号接收板与接收头、万能板等，如图2-16所示。

图2-16 上门维修空调需携带的备件

2.2.1 保险管和保护器

保险管也叫熔丝管，熔丝也称为熔断器，它是一种安装在空调电路中，保证电路安全运行的电气元件。熔丝的作用是：当电路发生故障或异常时，伴随着电流不断升高，并且升高的电流有可能损坏电路中的其他器件；当电路中安置了熔丝，熔丝就会在电流异常升高到一定的高度和一定的时候，自身熔断切断电流，从而起到保护电路安全运行的作用。

保险管的检测：目测保险管炸裂或保险管熔断；断电后将万用表置于 $R\times1$ 挡，然后测量其通断情况。当需要更换保险管时，应该买相对应的熔丝换上，保险过大、过小都不能起到保险的作用。例如，2P 冷暖柜机应选用 25A 的保险，2P 单冷柜机选用 10A 的保险，3P 冷暖柜机选用 32A 的保险，3P 单冷柜机选用 16A 的保险等。

除主板上的保险管外，在空调压缩机的顶部还有一个过载过热保护器（如图 2-17 所示），其作用是保护压缩机不过热、不过流。若过热或过流，则保护器自动断开，甚至烧坏。

图 2-17　过载过热保护器

2.2.2　压敏电阻

压敏电阻安装于空调器控制板上，主要用来起过电压保护作用。压敏电阻一般配合熔丝并联在电路中使用，当电压超过它能承受的电压时，它呈短路状、电源熔丝管熔断，以防烧坏主电路板。压敏电阻是一次性元件，烧毁后应及时更换。压敏电阻是特殊元件，代换时要购买一样的替换。

压敏电阻的检测如图 2-18 所示，首先将万用表挡位调整到欧姆挡，然后根据压敏电阻的标称阻值调整量程，之后进行零欧姆校正（调零校正），最后将万用表表笔分别接在压敏电阻两引脚上。若测量压敏电阻两引脚之间的正、反向绝缘电阻均为无穷大，则说明该压敏电阻正常；若测得的电阻很小，则说明其漏电流大或已损坏，不能使用。

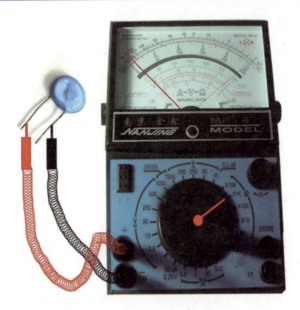

图 2-18 压敏电阻的检测

2.2.3 启动电容

空调器中所用的电容有压缩机电容、风扇电动机电容和应用在控制电路中的电解电容及瓷片电容，下面主要介绍压缩机启动电容和外风机启动电容。

1. 压缩机启动电容

压缩机启动电容是铝电解电容的一种，它是启动压缩机不可缺少的辅助元件，它并联在二次绕组上，只是启动时开启，压缩机启动后就断开。压缩机启动电容一般采用耐压为 400V 或 450V、容量为 20～60μF 的无极性电容。

检测压缩机启动电容时首先可采用外观检查，若观察到外壳变形、凸包、开裂、漏液等现象说明该电容已损坏，不能再使用；然后用仪表（万用表或专用电容测量仪）进行检测，将万用表置于电阻挡粗略测量充放电时间，再将红、黑表笔分别接触电容两极，表针迅速上升又缓慢降回原位为好电容，表针不上升或上升后回不到原位，说明该电容损坏。更换压缩机启动电容时，应购买相同标称值的电容，不可随意取低。

2. 外风机启动电容

空调风扇电动机电容是聚丙烯电容的一种，它是启动风扇电动机不可缺少的辅助元件，其作用是在不增加启动电流的情况下增大电动机的启动转矩，使风扇电动机转子顺利转动。

外风机启动电容的容量较大，外形与普通常见的电容差别也较大。

检测风扇电动机电容是否损坏时，可将电容一端断开，然后将万用表置于 $R\times100$ 或 $R\times1000$ 挡，再将表笔接触到电容的两极。若万用表的指针先指到低阻值，然后返回高阻值，则说明电容有充、放电能力；若表针不能回到无穷大值，则说明电容已漏电或短路，应更换电容。风机电容更换时要根据原电容容量和耐压值选用，购买的电容容量误差应在原容量的 20%以内，若相差太多，则容易损坏电动机。

2.2.4　辅热电加热部件

PTC 作用在空调上是一种正温度系数的半导体发热器件，通俗地讲就是一种陶瓷电加热器，在空调制热时进行电辅助加热。空调用电加热器有电加热管的，也有 PTC 的；在热泵型空调中其加热元件有 PTC 加热器和电加热管式两种，小型空调（如挂机）常用 PTC 式，大中型空调（如柜机）则采用电加热管式加热器。

检测辅热电加热部件时可用万用表测试其电阻值来进行判断，若阻值为无穷大则说明其为断路，若阻值很小则说明其为短路。若电热器工作但无热风吹出，则检查电热丝或线路板是否有问题（可用万用表对线路板进行检查，看继电器是否有电源输出来判断）。

2.2.5　温度传感器

空调温度传感器为负温度系数热敏电阻（简称 NTC），其阻值随温度升高而减小，随温度降低而增大，25℃时的阻值为标称值。温度传感器在空调中的作用是检测温度信号，将温度信号传送给主板，主板将输出控制信号，达到控制的目的。空调有室内环境温度传感器和室内机盘管传感器、室外盘管传感器等，较高档的空调还应用了室外环境温度传感器、压缩机吸气/排气传感器等。

各个传感器的作用如下：①室内环境温度传感器主要检测房间内的环境温度、控制空调的启停；②室内机盘管传感器主要检测内机管温，冬天的时候防冷风、给外机化霜（有的是外机管温化霜）；③室外盘管传感器主要检测室外机冷凝器的温度，以决定是否开始除霜或结束除霜；④室外环境温度传感器多用于变频机，还有部分定频机也用到，其作用是控制室外机风扇电动机的转速、冬季预热压缩机等；⑤压缩机排气传感器是用来监测压缩机排气温度的；⑥压缩机吸气传感器是用来控制制冷剂流量的，通过步进电动机控制节流阀来实现。

检测温度传感器好坏的方法：首先检测其常温阻值与正常阻值是否相符，是否存在阻值偏小的情况；然后可将温度传感器用手握住升温，看阻值是否变小，如果阻值不变或始终显示一个极大的阻值或极小的阻值或者阻值异常，则说明温度传感器已损坏。同时，应将各重要温度点下的阻值（至少两点：常温、高温）与正常阻值表对照，看是否一致，如图 2-19 和图 2-20 所示。

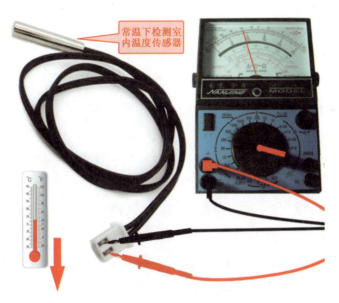

图 2-19　常温下检测温度传感器

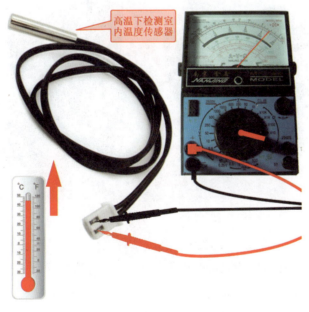

图 2-20　高温下检测温度传感器

经过以上的检测就可确定室内温度传感器是否良好，如果室内温度传感器在常温、高温和低温状态下的阻值没有变化或变化不明显，则表明温度传感器工作已经失常，应及时更换。如果室内温度传感器的阻值一直都很大（趋向于∞），则说明室内温度传感器出现故障。

当温度传感器需要更换时，务必严格按厂家的温度传感器参数选配替换，以避免空调机组出现各种软故障；当阻值与温度系数选择错误时，就可能会导致空调机组在某个温度区域工作不正常。

2.2.6 交流接触器

交流接触器是一种利用电磁吸力使电路接通和断开的自动控制器，它是一种用途广泛的开关控制元件。在空调上主要用于控制压缩机的启停，即由内机输出的小电流信号控制空调压缩机启动运转和停止（分单相和三相）。空调器上用的交流接触器有单极与双极两种，它们都主要由铁芯、线圈和触点（包括主触点和辅助触点，主触点用于通断主电路，通常为三对常开触点；辅助触点用于控制电路，起电气联锁作用，故又称联锁触点，一般为常开、常闭各两对）组成（如图 2-21 所示）。

图 2-21 交流接触器

检测交流接触器好坏的方法：将万用表置于欧姆挡，然后测量各点的电阻，常闭触点的电阻应为零，常开触点的电阻应为无穷大，如无异常，可以先用人为的方法使接触器动作，然后再测一次各常闭和常开触点的电阻，此时，常开触点的电阻应为零，常闭触点的电阻应为无穷大。判断线圈的好坏也是用万用表检测两个线头的电阻，一般来说，好的线圈电阻也是比较小的，此时万用表会鸣音，表示线圈没有断路。当然还要测量一下线圈的绝缘，主要是与接触器金属件的绝缘，电阻显示应为无穷大。如果有问题，应检查修理。

空调交流接触器需要更换时，应使用专用的接触器进行更换。另外，还要根据负载的额定值和极限值、操作频率选择主要技术参数，根据控制回路的要求选择接触器的线圈参数，根据电动机（或其他负载）的功率和操作情况，确定接触器的容量等级等。

2.2.7 变压器

空调器上室内主板变压器的作用是整流、滤波、稳压、输出直流12V和5V，供给芯片和继电器工作电压。所有的空调都需要变压器，因为空调的主控制电路所需要的电压是12V（或24V），而空调的主供电电压是220V（或380V）。空调控制电路的电源来自开关电源，即220V交流直接整流为直流，之后逆变为高频交流，由高频变压器（这个高频变压器个头很小，一般焊在印制电路板上，如图2-22所示）耦合，输出高频的低电压，再整流为低压直流，经稳压得到。

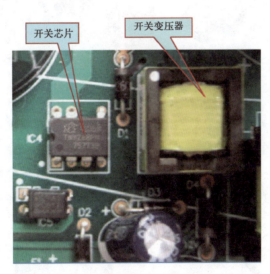

图2-22 高频变压器

检测变压器的方法：①通过观察变压器的外貌来检查其是否有明显异常现象，如线圈引线是否断裂、脱焊，绝缘材料是否有烧焦痕迹，铁芯紧固螺杆是否有松动，硅钢片有无锈蚀，绕组线圈是否有外露等；②测量变压器的初级线圈和次级线圈的阻值是否正常（一般情况下初级阻值为几百欧姆，次级阻值为几欧姆左右），若有一组线圈的阻值为无穷大，则说明线圈已开路，应更换变压器。变压器损坏后需要更换时应按变压器上标签所示参数进行选配。

2.2.8 电磁四通阀

电磁四通阀(如图2-23所示)是冷热型空调器中的一个重要部件,起着制冷和制热转换的作用。其工作原理是:通过改变电磁线圈电流的通断,来控制阀体中的滑块左右移动,改变系统中制冷剂的流向,以达到制冷、制热或除霜等功能的转换。电磁四通阀由一个先导电磁阀(先导阀)和一个四通换向阀(主阀)及线圈等组成,阀体本身有四根铜管分别与制冷管路连接,因此称为四通阀。

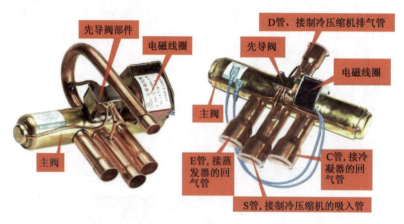

图2-23 电磁四通阀

电磁四通阀的检测(见图2-24):用万用表测量电磁线圈的电阻值,首先断开控制回路的接线,将万用表接在电磁线圈上,正常时,电阻值应在1000～1500Ω之间,若实测电阻值为无穷大或者接近零,则判断电磁线圈已损坏。电磁四通阀需要更换时,应选用同型号、同规格的四通阀,更换前首先要取下电磁线圈,然后再将四通阀全部焊下。

图2-24 用万用表检测电磁四通阀

2.2.9 单向截止阀

单向截止阀简称单向阀,又称止逆阀,是一种防止制冷剂反向流动的阀门。在制冷系统中,单向阀只允许制冷剂单方向流动,装在管路中起防止制冷剂气体或液体倒流的作用。它主要用于热泵型空调中,与毛细管并联在系统中,配合电磁四通换向阀改变制冷剂的正反向流向及系统压力,一般在单向阀的外表面用箭头标出制冷剂的流向(如图2-25所示)。其检测方法如下:用压力表检测系统高压压力并与正常状况的数值进行比较。

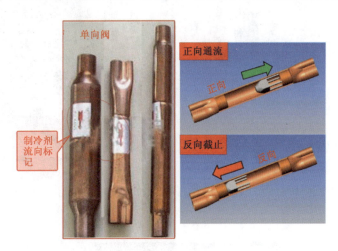

图2-25 单向截止阀

2.2.10 主板

空调主板是空调系统的控制核心,它接收信号,通过反馈信号输出控制信号,达到使空调正常运行的目的。主板上面的控制芯片相当于CPU,一般用单片机,采用接收器或按钮控制,然后根据遥控器设置好的温度或命令来控制空调工作。

空调主板的检测:①静态测试,首先测试易损元器件如开关电源部分的整流桥、开关管、振荡芯片等,然后再测试变频部分的逆变模块是否损坏、驱动电路是否正常,最后检测板子上各大元器件;②动态测试,首先给主板通电,检测各路电压(如12V、5V等)是否正常,然后再测试晶振电路是否起振,CPU电路是否工作。

当原电路板损坏后,如果无法修理,在购买不到原配主板时,改用通用主板(见图2-26)是常见的方法,通用主板适用于各品牌空调器。

定频空调与变频空调的主板是不同的,定频空调只有室内机有主板(如图2-27所示),

而室外机一般是没有主板的。变频空调不光室内机有主板（如图 2-28 所示），室外机也有主板（如图 2-29 所示）。

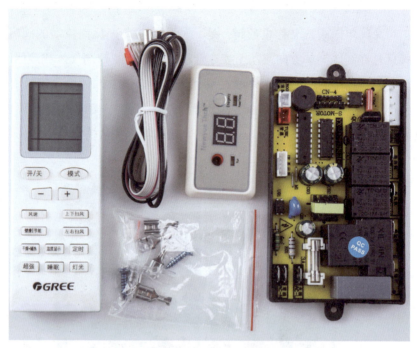

图 2-26　通用主板

图 2-27　定频空调室内机主板

图 2-28 变频空调室内机主板

图 2-29 变频空调室外机主板

★ 提示：定频空调一般可买到通用主板，代换简单，而且价格较便宜；变频空调的通用代换主板代换较复杂（要考虑制冷剂类别、内外风机类型、线数等），而且价格较贵。

2.2.11 遥控接收器

接收器在空调器中主要用于接收遥控器所发出的各种运转指令，再传给主板芯片来控制整机的运行状态，如图 2-30 所示为遥控接收板。

图 2-30　遥控接收板

接收器的检测：遥控接收器有问题时会导致按遥控器后空调器无反应故障，此时可用指针式万用表电压挡，检测接收头信号端和地两脚之间在按下遥控器按键的时候有没有电压浮动，如果有，就是正常的。正常情况下，当接收头收到信号时，遥控头的②、③脚之间的电压应低于 5V，若无信号输入时，两脚间的电压应为 5V，否则应更换部件。

2.3　材料加注液的选用

2.3.1　室内排水管

排水管是用来排出空调运转所产生的冷凝水的。室内蒸发器冷热交换时会产生大量的水珠，遇冷液化会生成冷凝水，此时连接一根排水管是为了将室内冷凝水排到室外。一般在安装空调时会用白色脐带将管线与排水管首段部分缠绕在一起，所以在更换排水管时应先把那根用白色脐带缠绕的粗管子拨开，然后再更换螺纹的排水管。更换排水管时应买空调的专用排水管或建筑用的细 PVC 管，具体长度要根据实际距离长短来估算。

2.3.2 清洗剂

空调长时间不用或使用一段时间后，空调内部就会囤积不少的尘埃、污垢和霉菌等，如不及时清洗，这些污物就会随着空调风吹进室内，给室内造成严重的空气污染，甚至产生发出噪声、影响制冷、耗电费钱、减少空调使用寿命等一系列问题。

市面上空调清洗剂品牌众多，清洗后产生的问题也很多，如大多数车用泡沫型空调清洗剂清洗后腐蚀管壁和电动机，一些传统清洗剂刺激性强腐蚀铝翅片等。因此，在挑选空调清洗剂时应选择通过国家认定专业机构的防腐蚀性检测，对空调机器无损伤的。无论是哪种清洗剂，在使用之前都需要仔细阅读清洗剂的使用说明；另外，在使用空调清洗剂时，需要将空调的电源拔掉，最好关闭家中空调供电的总电路，防止清洗剂使用失误造成安全隐患。

2.3.3 制冷剂

空调制冷剂又称冷媒、雪种，是制冷循环的工作介质，利用它的物态变化可以实现室内、室外热量的转移；而空调制冷剂不仅可以起到制热效果，还可以起到制冷的效果。制冷剂的作用是在蒸发器内吸收被冷却介质（水或空气等）的热量而汽化，在冷凝器中将热量传递给周围的空气或水而冷凝。

在空调系统中，通过蒸发与凝结使热转移的一种物质俗称氟利昂。氟利昂是冷媒中的一种，现在的空调都不采用氟利昂（R12、R22 等）作为制冷剂，而是用 R410A 和 R32（一种新型环保制冷剂，其低压侧运行压力约是 R22 的 1.6 倍，R32 的运行压力与 R410A 相当，如图 2-31 所示）作为冷媒。制冷剂有多种型号，使用时一定要根据压缩机来确定，本来用的是什么制冷剂，更换时最好也用同一种制冷剂。

图 2-31　R32 和 R410A

> 提示：R32 是一种新型环保冷媒，具有不破坏臭氧层、温室效应系数大大降低等诸多优点，但有个致命缺点，即易燃易爆。R32 空调拆装时，一定要抽真空，安全问题必须注意，它的性能以及操作规范必须得到重视。

2.3.4　铜管

空调铜管大多使用紫铜管，它是空调制冷剂流通的管道，是制冷剂与外界进行热交换的媒介。如图 2-32 所示，空调有粗细两根铜管（细管是高压管，也叫液管或排气管；粗管是低压管，也叫气管或回气管），两根管的作用是连接内、外机，使内、外机形成封闭系统，制冷剂可以在内、外机中循环流动。一般较细的为进管，较粗的为出管；进管与出管接口的区别是进管较细，且后面有毛细管或热力膨胀阀，而出管接口较粗。

空调铜管的质量有好有坏，所以在选择时一定要注意以下几点：①看铜管的耐压性能；②看类型（应该选择与空调型号搭配的铜管，如使用的是 R410A 冷媒空调，则尽量选择 R410A 型号的铜管，这种型号的铜管能够适应新冷媒空调的工作压力）。

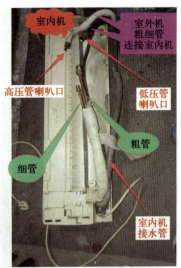

图 2-32 空调铜管

> **提示**：同匹数的定频和变频空调其气管（粗管）的直径是不一样的。定频空调的粗管大多用直径 12mm 的，而变频空调则用直径 10mm 的。正常铜管的厚度为 0.6mm，加厚的为 0.8mm，市面上有很多低于 0.6mm 的。

另外，目前市面上有一种空调铜铝连接管（见图 2-33），这种铜铝管两端喇叭口部分为纯铜管，中间部分则为铝管，铜的使用量很少，因而价格低廉，在使用年限较长的旧空

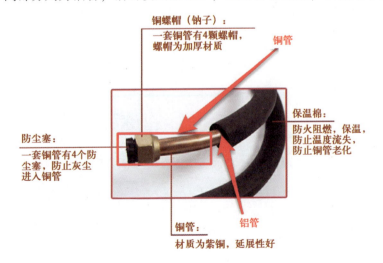

图 2-33 空调铜铝连接管

调维修中被许多维修人员采用。使用该类铜铝管的空调,若空调安装后不移机还是可以使用几年时间的。

2.3.5 其他易耗材料

维修空调的易耗材料主要有:磷铜焊条、氧气、燃气(丁烷气、煤气等)、压缩机隔音棉和管道保温材料、扎带、密封胶泥等,如图2-34所示。

图2-34 其他易耗材料

增加氧气和燃气的方法,扫码看视频2-5

2.4 元器件在路检测

2.4.1 电子膨胀阀的检测

电子膨胀阀可以满足不同种类工质的应用，它适用于变频空调器以及一台室外机带动多台室内机的空调器。高端变频空调器一般采用电子膨胀阀，而不使用毛细管。变频空调器电子膨胀阀的检测方法如下：

（1）正常的电子膨胀阀在插电后有"咯嗒"的响声。若没有响声，或在制冷时膨胀阀在压缩机工作后便开始结霜，则应检测其线圈及供电是否正常（12V 脉冲电）。

（2）若电压正常，则说明电脑板正常，若此时膨胀阀内无声音，则是膨胀阀不良，这时先测量电子膨胀阀线圈直流电阻。以三花五线 Q12-GL-01 型电子膨胀阀为例，该型线圈的等效电路图如图 2-35 所示。正常时，用万用表测得 1 端与 2、3、4、5 端的电阻分别为

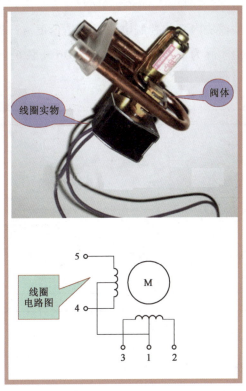

图 2-35　检测三花五线 Q12-GL-01 型电子膨胀阀

47.1Ω、47.0Ω、47.0Ω 和 46.3Ω；2 端与 3、4 端的电阻分别为 94.4Ω、93.4Ω。由此可见，1 端与其他线圈端的阻值均在 47Ω 左右，这说明 1 端为公共端，其他 4 根线为线圈端，即共用一个公共端。如测得引线之间电阻为无穷大，则说明线圈开路；如果阻值过小，则说明线圈短路，均需要更换。

（3）若膨胀阀线圈直流电阻正常，则可能是阀体内脏堵，可用高压气体进行吹洗。

（4）若在断电时电子膨胀阀复位，这时可通过听声音或感觉是否振动来判定阀针是否有问题。在关机状态下，阀芯一般处在最大开度，此时断开线圈引线，然后开机运行，如果此时制冷剂无法通过，则可以判定阀针卡死。正常情况下，用手摸电子膨胀阀的两端，进口处是温的，出口处是凉的。

2.4.2 功率模块的检测

功率模块是变频空调器的核心部件，给变频压缩机输出 U、V、W 三相电流，并控制压缩机的转速。功率模块不仅把功率开关器件和驱动电路集成在一起，而且还在内部集成有过电压、过电流和过热等故障检测电路，并可将检测信号送到 CPU。功率模块的检测方法如下：

用万用表不能判断功率模块内部的控制电路工作是否正常，只能对内部 6 个开关管做简单的检测。万用表显示值实际为 IGBT 开关管 D1～D6 并联 6 个续流二极管的测量结果，如图 2-36 所示。

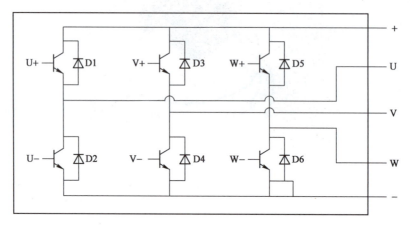

图 2-36　功率模块内部 6 个 IGBT 开关管简图

下面以数字万用表为例，介绍功率模块的检测方法。

检测时应先拔掉功率模块上的 P（+）、N（-）端子滤波电容供电引线和 U、V、W 端子压缩机线圈引线。检测时应选择二极管挡，且 P（+）、N（-）、U、V、W 端子之间应符合二极管的特性。

（1）测量 P、N 端子。

将万用表调到二极管挡，正、反向测量功率模块的 P（+）和 N（-）端子，相当于 D1 和 D2（或 D3 和 D4、D5 和 D6）串联测量，操作过程如图 2-37 和图 2-38 所示。

图 2-37　反向测量 P、N 端子

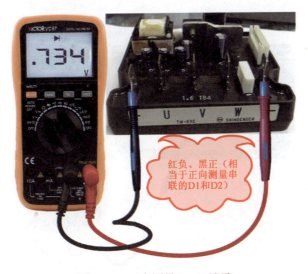

图 2-38　正向测量 P、N 端子

① 反向测量。红表笔接 P（+）端子、黑表笔接 N（-）端子，结果为无穷大。
② 正向测量。红表笔接 N（-）端子、黑表笔接 P（+）端子，结果为 734mV。

③ 如果正、反向测量结果均为无穷大，说明功率模块 P（+）、N（-）端子开路。

④ 如果正、反向测量接近 0mV，说明功率模块 P（+）、N（-）端子短路。

（2）测量 P（+）与 U、V、W 端子。

将万用表调到二极管挡，正、反向测量功率模块 P（+）、U、V、W 端子，相当于测量 D1、D3、D5，操作过程如图 2-39～图 2-44 所示。

① 反向测量。红表笔接 P（+）端子，黑表笔接 U、V、W 端子，正常情况下，3 次测量结果应相同，均为无穷大。

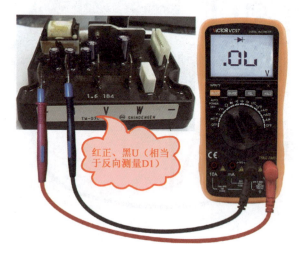

图 2-39　反相测量 D1

图 2-40　反相测量 D3

图 2-41　反相测量 D5

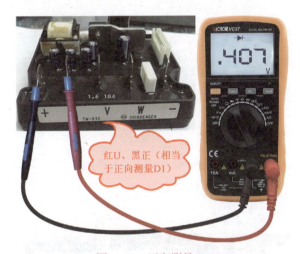

图 2-42　正向测量 D1

图 2-43　正向测量 D3

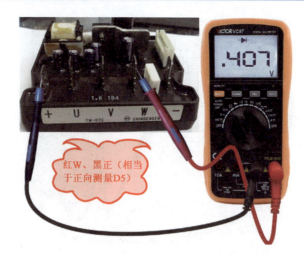

图 2-44　正向测量 D5

② 正向测量。红表笔接 U、V、W 端子，黑表笔接 P（+）端子，正常情况下，3 次测量结果应相同，均为 407mV。

③ 如果反向测量或正向测量时 P（+）与 U、V、W 端子结果接近 0mV，说明功率模块 PU、PV、PW 端击穿。

（3）测量 N（-）与 U、V、W 端子。

将万用表调到二极管挡，正、反向测量 N（-）与 U、V、W 端子，相当于测量 D2、D4、D6，操作过程如图 2-45～图 2-50 所示。

图 2-45　正向测量 D2

第 2 章　互联网+APP 维修预备知识

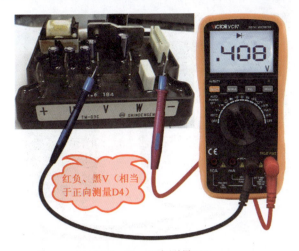

图 2-46　正向测量 D4

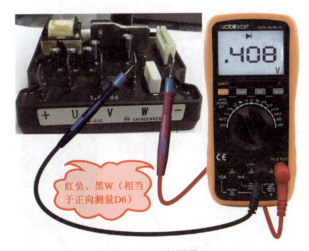

图 2-47　正向测量 D6

图 2-48　反向测量 D2

图 2-49 反向测量 D4

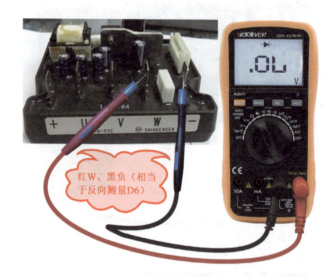

图 2-50 反向测量 D6

① 正向测量。红表笔接 N（-）端子，黑表笔分别接 U、V、W 端子，正常情况下，3 次测量结果应相同，均为 408mV。

② 反向测量。黑表笔接 N（-）端子，红表笔分别接 U、V、W 端子，正常情况下，3 次测量结果应相同，均为无穷大。

③ 如果反向测量或正向测量时 N（-）与 U、V、W 端子结果接近 0mV，说明功率模块 NU、NV、NW 端击穿。

（4）测量 U、V、W 端子。

测量 U、V、W 端子的过程如图 2-51～图 2-53 所示。

第 2 章　互联网+APP 维修预备知识

图 2-51　测量 U、V 端子

图 2-52　测量 V、W 端子

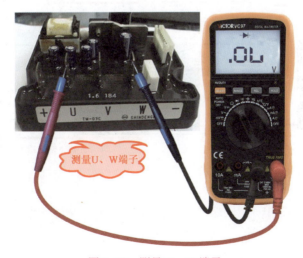

图 2-53　测量 U、W 端子

① 由于模块内部无任何连接，U、V、W 端子之间无论正、反向测量，正常情况下，结果均应相同，为无穷大。

② 如果测得读数接近 0mV，说明 UV、VW、UW 端击穿。

如果使用指针式万用表检测功率模块，应选择"$R×1k$"挡，测量时红、黑表笔所接端子与使用数字万用表测量时相反，得出的规律才会一致。

2.4.3 压缩机的检测

空调压缩机一般装在室外机中，在空调制冷剂回路中起压缩驱动制冷剂的作用。压缩机在制冷系统中的主要作用是把从蒸发器来的低温、低压气体压缩成高温、高压气体，为整个制冷循环提供原动力。一般来说，可以通过如下方法大致判断空调器压缩机的好坏：

（1）用万用表检查压缩机阻值（压缩机厂家不同，其阻值不同）。

（2）用绝缘电阻表摇一下压缩机线圈有没有对地（有对地则压缩机烧坏）。

（3）将压缩机通电运转，用手摸一下吸、排气口有没有吸、排气，如果通电后压缩机不运转，电流也很大，则说明压缩机卡缸了。

由于变频压缩机电动机是三相交流异步电动机，因此三相绕组阻值基本相同，测量三相绕组直流电阻的方法如图 2-54 所示。

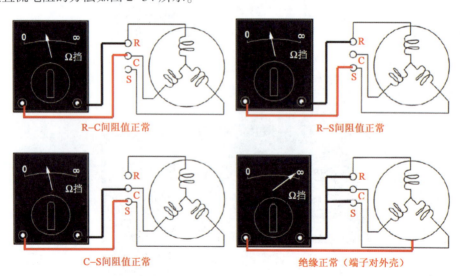

图 2-54　测量变频压缩机三相绕组直流电阻

例如，三洋 C-6RV73HOW 压缩机，其直流电阻如下（环境温度 25℃）：R-S 之间为 1.3170Ω；S-T 之间为 1.375Ω；T-R 之间为 1.376Ω。

一般情况下，若所测阻值均在 2Ω 左右，且基本相等时，可认为压缩机电动机是好的。

接线时，可按压缩机接线盖上的标注与接线柱对应即可（要拆开接线盖上的固定螺钉，如图 2-55 所示）；当不能分清 R、S、T（C）三端，又不知如何连接时，可先将线接到压缩机三端子上，如果此时压缩机出现抖动，表明压缩机相序错误，应对调任意两根线，改变压缩机转向即可消除。

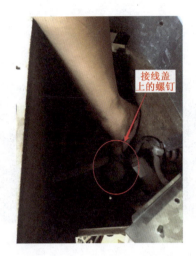

图 2-55　拆开接线盖上的固定螺钉

> **提示**：代换空调压缩机可以不要求品牌型号完全相同，但功率应相同。安装时应注意接线柱不能接错，以免造成压缩机不能正常工作甚至烧毁。

2.4.4　主板的检测

定频空调器的室内机主板是整个电控系统的控制中心，对空调器整机进行控制，室外机不再设置电路板；变频空调器的室内机主板只是电控系统的一部分，工作时处理输入的信号，处理后传送至室外机主板，才能对空调器整机进行控制，也就是说室内机主板和室外机主板一起才能构成一套完整的电控系统。

1. 室内机的检测

室内机主板是否正常，可以通过检测空调室内机与室外机接线端电压来加以判断。以变频空调器室内机主板为例，其检测方法如下：

（1）开机测量内外机连接线室内机端信号线与零线 N 之间有无 110V 交流或 24V 直流电压，如图 2-56 所示。

（2）如有 110V 交流或 24V 直流电压，则表示室内机无故障。

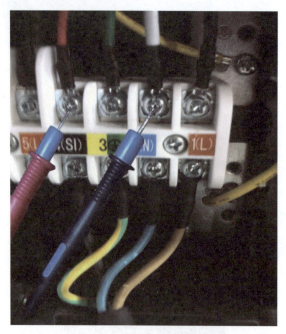

图 2-56 测量室内机端信号线与零线电压

（3）测量连接线室外机端信号线与零线 N 之间有无 110V 交流或 24V 直流电压，如有可以排除连接线故障，如图 2-57 所示。

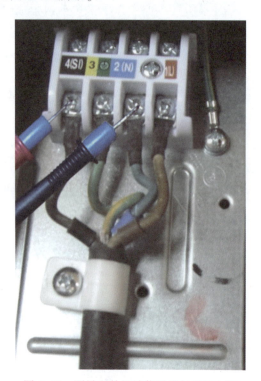

图 2-57 测量室外机端信号线与零线电压

⟡ 提示：代换空调器室内机主板，选择与原主板的规格型号一致的，安装好相应接插件即可。

2. 室外机的检测

判断室外机可将外机主板 IC 下方的 3 个端子进行短接，如外机主板上无 IC 的，其模块上会有两个端子，将其短接，压缩机风扇运转，则为外机正常，不转则为外机故障。

⟡ 提示：代换空调器室外机主板，选择与原主板的规格型号一致的，安装好相应接插件即可。

变频空调的检测与定频空调有明显的区别，因为变频空调室内机主板大多取消了变压器，而是直接采用开关电源（例如，海尔一级变频空调 KFR-35GW/15DCA21AU1，其室内机主板就取消了变压器而是采用了开关电源，如图 2-58 所示）。

图 2-58　KFR-35GW/15DCA21AU1 室内机主板

> **提示**：一级变频空调、二级变频空调、三级变频空调在结构上的区别很多读者没有搞清楚，下面简单说明：三种空调之所以有明显的区别除了制造和装配精度不同之外，还因为一级变频空调无论是室内、外风机还是压缩机均采用直流变频电动机，管道节流器件采用的是电子膨胀阀；二级变频空调压缩机采用的是直流变频电动机，但室内、外风机一般不是直流变频的，而是交流变频的，管道节流器件采用的是电子膨胀阀；三级变频空调室内、外风机大多都不是变频的，而是定频交流的，只有压缩机是采用交流变频电动机，管道节流器件也可能不是电子膨胀阀，而是毛细管。

变频空调室内、外机主板之间的通信大多没有专门的通信信号线（不同品牌可能不同），其通信信号是通过室内、外机之间仅有的四根电缆线［1、2、3（C）、4（机壳）号线，如图2-59所示］进行载波传输。传输方法是：室内机通过3号线（电路板上有的标为S线或COM线）发送通信信号到室外机，室外机接收后，通过2号线（L线、电路板上有220V标记的）向室内机反馈通信信号，从而形成室内、外机之间的通信回路。正常通信时，1号与3号线之间有通信信号交流脉冲电压（海尔全直流变频空调约为0～80V），2号线与3号线之间应有交流脉冲电压（海尔全直流变频空调约为0～140V），如果有此交流脉冲电压，说明室内、外机通信正常，否则说明室内、外机之间通信存在故障，应重点

图2-59 室内、外机之间的四根电缆线

检查室内、外机连接电缆，特别是在室内、外机有加长电缆线的情况下，更应检查连接接头是否接触不良、氧化，线径是否过细或线序接错。若测得 1 号线与 3 号线之间没有脉冲电压，只有恒定的电压（一般约为 30V，不同机型有所不同），则说明室内机主板已损坏，应更换室内机主板。

> **提示**：变频空调室内、外机电缆线的线序很重要，电源线的 N 线与 L 线，即图 2-59 中的 1、2 号线不能接反，否则将不能正常通信。这一点与定频空调有明显的区别。

3. 室内机主板故障检测

变频空调室内机主板故障表现为开机无反应，或显示故障代码。开机无反应说明室内机的开关电源损坏，应重点检查开关电源的厚膜块、启动电阻、稳压二极管、滤波电容及 7805 三端稳压块是否损坏。若显示故障代码，则按故障代码的指示查找故障部位。例如，海尔变频空调显示 E 系列故障代码，则表示室内机存在故障（如表 2-1 所示）。室内机主板上也有 LED 故障指示灯，若 LED 灯 1s 显示 3 次，则说明室内、外机通信正常；若 LED 指示灯常亮，则说明室内机通信电路上的光电耦合器、滤波电容、整流二极管、回路电阻存在故障；若 LED 指示灯不亮，则说明室内机 3.15A 保险管、CPU、7805 三端稳压块、室内外电缆线中的 3 号线（又称连机线）等存在故障。

表 2-1　海尔变频空调 E 系列故障代码

故障代码	指示故障部位	备 注
E1	室温传感器故障	
E2	管温传感器故障	
E3	过流保护	分体机总电流
E4	存储器故障	
E5	蒸发器结冰	
E6	室内机主板需要复位	
E7	室内、外机通信故障	分体机
E8	显示板与室内主板通信故障	
E9	过载保护	
E10	湿度传感器故障	
E11	步进电动机故障	
E12	高压静电发生器故障	室内机过滤吸尘用
E13	电源存在瞬间停电现象	
E14	室内风机故障	

续表

故障代码	指示故障部位	备注
E15	室内主板主控制芯片故障	
E16	集尘过滤装置故障	

4. 室外机主板故障检测

变频空调室外机主板故障主要有室外机开关电源损坏，表现为室外机无电、外机压缩机不工作、风扇不转等，此时室外机主板故障指示灯闪烁或通过室内机显示故障代码（如表 2-2 所示为海尔变频空调室外机主板故障代码）指示室外机存在局部故障。若测得室外机 7805 三端稳压块无约+15V 电压输入，可初步判断室外机开关电源存在故障。

表 2-2 海尔变频空调室外机主板故障代码

室外机故障代码	故障代码指示内容	备注
F1	室外机模块故障	过热、过流或内部短路
F2	室外机负载未接上	
F3	室内、外机通信故障	
F4	压缩机过热故障	出气口温度过高
F5	过流	外机总电流过流
F6	环温传感器故障	
F7	管温传感器故障	
F8	室外风机启动异常	
F9	PFC 保护	
F10	制冷系统过载保护	
F11	压缩机转子电路存在故障	
F12	室外机存储器故障	
F13	压缩机不启动	压缩机强制转换失败
F14	室外风机霍尔故障	
F15	室外风机模块（IPM）散热不良	
F16	室外风机过流	
F17	室外主板单片机 ROM 损坏	
F18	室外机电源过压保护	
F19	室外机电源欠压保护	
F20	制冷系统过压保护	或制热系统
F21	降霜温度传感器故障	
F22	室外机交流电流过流保护	

续表

室外机故障代码	故障代码指示内容	备 注
F23	室外机直流电流过流保护	
F24	压缩机电流互感器 CT 断线保护	压缩机供电线穿过 CT
F25	排气温度传感器故障	
F26	电子膨胀阀故障	

变频空调室外机主板上往往还有用于故障指示的 LED 灯，灯闪的方式和次数也可指示故障部位。例如，海尔变频空调室外机主板上通常有 LED1 和 LED2 指示灯，若 LED1 和 LED2 均不亮，则说明室外机进线端子、交流电源 25A 保护管、电抗器线圈、功率模块、整流桥等存在故障；若 LED1 和 LED2 均亮，则说明空调室外机主板正常；若 LED2 正常显示但 LED1 不亮，应重点检查室外机主板上的开关电源厚膜块、CMOS 元件、三端稳压块是否正常；若 LED2 正常但 LED1 闪烁，则说明室外风机存在故障；若 LED2 不亮，则说明室外机开关电源的直流 310V 电路异常，应重点检查 PTC、整流桥、电抗器、大滤波电容是否存在故障。

海尔 KFR-35GW/15DCA21AU1 变频空调室外机主板上 LED 故障灯指示代码如表 2-3 所示。

表 2-3 海尔变频空调室外机主板上 LED 故障灯指示代码

故 障 部 位	LED 灯闪烁次数
室外机存储器故障	1
IPM 保护	2
AC 电源过流保护	3
CBD 与模块通信异常	4
压缩机过温保护	5
电源过压/欠压保护	6
压缩机堵转/瞬停	7
吐气温度过高保护	8
除霜传感器异常	10
环温传感器异常	12
管温传感器异常	13
室内、外机通信异常	15
压缩机运行失步/压缩机脱位	18

空调主板不是只对应某个机型，大多是通用的主板，也就是说某个系列使用该主板，但针对具体机型，则要通过跳线来对应，所以在主板上通常有"机型"和"显示"字样。

机型就是采用某种跳线形式对应哪个机型，显示就是采用某种跳线形式对应哪个显示板，"ON"表示该跳线应连上，"OFF"表示该跳线要剪断。如图 2-60 所示为海尔某变频空调"机型"和"显示"跳线实物图。

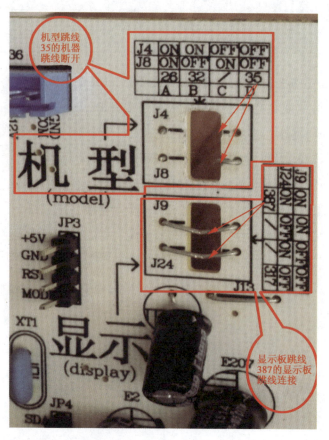

图 2-60　海尔某变频空调"机型"和"显示"跳线实物图

> 提示：代换空调主板时，一定要保持新主板的跳线与原主板的跳线一致，若没有原主板，则要根据机型和显示板号对跳线进行选择处理，否则会出现显示异常或不能开机的故障。

2.5　空调器上门装机步骤

家用分体式空调器的装机由安装前的准备和检查、空调器安装位置的选择、室内机的安装、室外机的安装和运行调试共 5 个步骤组成。

1. 安装前的准备和检查

上门安装空调器前必须提前落实登门所需要的工具和安装材料。安装空调器前，还需要对室内机、室外机、用户电源等进行检查。

（1）准备安装工具。空调器安装所需要的工具主要有水钻、冲击钻、安全带、压力表、内六角扳手、水平尺、钳形表、真空泵、割管刀、扩口器、焊接设备、温度计等，如图 2-61 和图 2-62 所示。

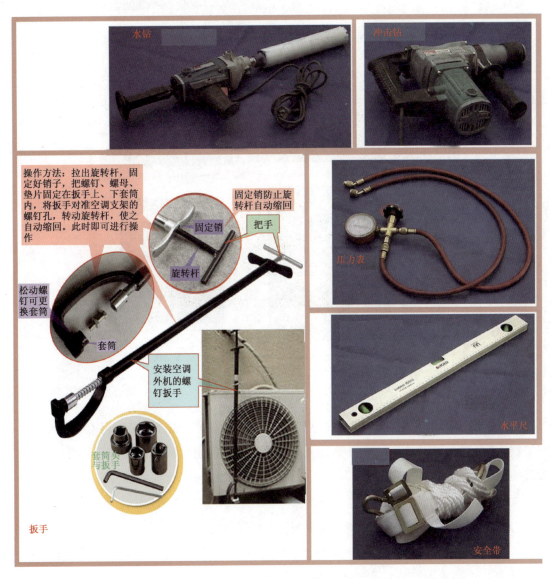

图 2-61　安装工具准备（一）

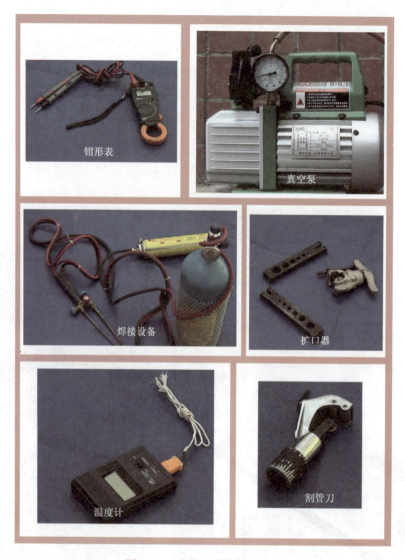

图 2-62 安装工具准备（二）

（2）检查室内机。安装前开箱对照空调器说明书装箱清单检查空调随机附件是否齐全，内外机表面有无划伤、变形；室内机外观检查无误后，将室内机平稳摆放好，将室内机电源插头插入电源插座内，用遥控器对准室内机遥控接收窗按运行按钮，检查显示屏各功能显示、导风板摆动以及室内机风速是否正常，有无噪声，如图 2-63 所示。

（3）检查室外机。检查制冷剂是否泄漏，具体操作步骤如下：

① 用活络扳手打开室外机三通阀和工艺口阀帽，如图 2-64 所示。

② 用内六角扳手打开三通阀阀芯 30°，如图 2-65 所示。

第 2 章　互联网+APP 维修预备知识

图 2-63　检查室内机

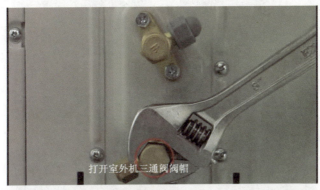

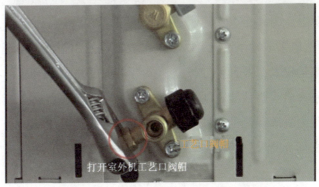

图 2-64　打开室外机三通阀和工艺口阀帽

③顶压工艺口阀芯，工艺口应有气体排出，如图 2-66 所示。

④检查完后将三通阀阀芯关闭，并将三通阀和工艺口阀帽复原。

（4）检查用户电源。空调器安装前，要检查用户家的开关容量、电源线径、电源电压、电表容量等是否符合空调器的使用要求，如不符合则需要用户进行更改。

图 2-65 打开三通阀阀芯

图 2-66 顶压工艺口阀芯

①空调器的电源电压为单相 220V 或三相带中线 380V，电源频率为 50Hz，其电压波动范围是 ±10%，如不符应采取稳压措施；②供电电线不得使用铝线，空调是大功率电器，铝线通过大电流时发热量较大，并且韧性较差，极易出现短路打火事故；③空气开关或漏电保护外壳必须具有防火或阻燃性能；④用户所配电源插座必须与插头接线相对应，可用电源检测仪或万用表检测电源插座的地线、零线、火线接线是否正确，若不正确，应与用户协商，采取措施使之符合要求；⑤必须可靠接地，包括机器上的地线一定不能漏接及用户电源应具有可靠接地措施。

2. 空调器安装位置的选择

室内机的安装高度应尽量在 2~2.5m 之间，如图 2-67 所示；距天花板和左右墙壁的距离不小于 15cm，如图 2-68 所示。

室外机应装在儿童不易接触的地方，并避开高温热源，而且外机的排风、噪声和排水不能影响邻居。

第 2 章　互联网+APP 维修预备知识

图 2-67　室内机的安装高度

图 2-68　室内机与墙壁的安装距离

3. 室内机的安装

（1）安装挂墙板。与用户确定室内机安装位置后固定挂墙板。先固定挂墙板一端，然后用水平尺测量挂墙板并保持水平，再在相应的安装孔上打孔固定挂墙板，如图 2-69 所示。安装后的挂墙板支撑力应不低于 60kg。

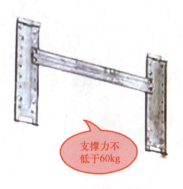

图 2-69　安装挂墙板

（2）打过墙孔。挂墙板安装完毕后，下一步的工序是打过墙孔，在打孔前，要预先了解打孔位置墙壁内是否有暗埋的电线或钢筋构件，以免发生安全事故或进钻困难。确认过墙孔位置后，做防尘处理，可用胶带将空调器的包装薄膜贴在墙壁打孔位置的下部。从室内向室外打孔时，水钻要抬高5°，调整好钻杆角度和握钻力度后打孔，如图2-70所示。

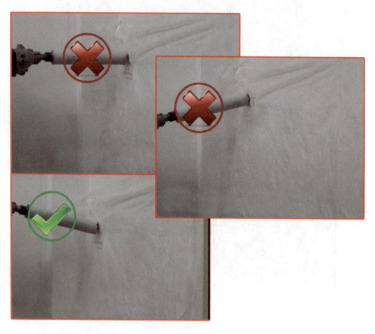

图2-70 打过墙孔正确操作示意图

即将穿透外墙面时，进钻宁慢勿快，合理掌握进钻速度，防止墙体碎块掉下地面伤人或砸坏物品。打好的过墙孔要求里高外低，便于冷凝水流出，同时防止雨水倒流，如图2-71所示。

图2-71 打好的过墙孔

(3) 加长连接管。由于室内机的安装位置导致随机的连接管长度不够时,应进行连接管的加长操作。

① 将空调器的高低压连接管的喇叭口用切割刀切下,用铰刀清理管口毛刺,清理时应注意将管口朝下,以防止铜屑等杂物进入管道。

② 将连接管放入扩管器夹具中,铜管端部应预留合适长度,旋转扩管器夹具,选用相应尺寸杯形顶针,将扩口架安装在扩管器夹具上,将杯形顶针逐步旋紧,直至达到标准深度。杯形口的深度随管径的不同而不同,具体如表2-4所示。

表2-4 铜管杯形口的深度与管径的关系

管径/mm	深度/mm
6	7.5
9.52	12
12	14.5
15.88	19
19.05	22

③ 杯形口制作好后,检查杯形口是否均匀,无毛刺、裂口等缺陷,测量出需要加长管的长度,切割后整形清洁加长管,制作喇叭口前一定要将管口中的毛刺清除使管口平滑,以避免扩张后出现喇叭口边缘重叠。

④ 把处理好的加长管的一端插入扩管器夹孔中,旋紧扩管器夹具,连接管端头应预留合适长度,调整好高度后套入扩口架,用力旋下顶针,使管口扩张到夹具坡口为止。合格的喇叭口应完整平滑,无偏心与毛刺。铜管喇叭口高度随管径的不同而不同,具体如表2-5所示。

表2-5 喇叭口高度与管径的关系

管径/mm	喇叭口高度/mm
6	0.5
9.52	0.8
12	1
15.88	1.2
19.05	2

(4) 连接连接管。将加长管插入加工成型的杯形口连接管中,将焊炬点燃,使用中性焰反复加热焊接部位,如图2-72所示。

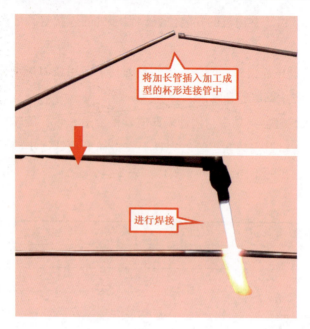

图 2-72 焊接连接管

注意适当采取防火措施,将焊接部位加热至红色时,可将焊条熔于焊接接口,待焊接部位自然冷却后,方可进行空调器连接管的操作。

(5) 整理配线、配管。在室内机安装前应先整理连接管、配管和排水管,根据室内机安装位置的需要选择出管方向。

① 将室内机连接管接头的螺帽取下,对准连接管喇叭口中心,先用手拧紧锥形螺母,后用扳手拧紧,如图 2-73 所示。

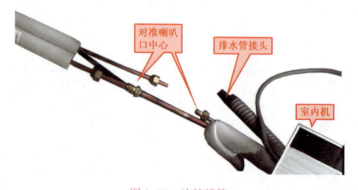

图 2-73 连接线管

② 排水管的接口处要用防水胶带紧密包扎,防止冷凝水渗出。管路包扎时,要按照连接线在上、管路在中、排水管在下的方式用包扎带包紧,如图 2-74 所示。

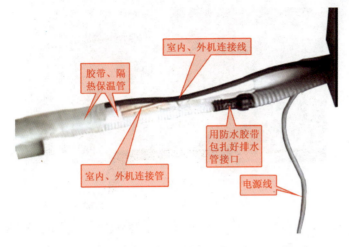

图 2-74 包扎线管

③ 配管连接头是容易产生泄漏的部位，所以先不要将此处包扎，需要内外连接好并检漏后才能把连接部分的隔热保温管用胶带包扎好，以免有冷凝水滴落。

（6）安装室内机。连接管穿越墙孔时，不要把管路上的保护螺帽去掉，以免灰尘、水分、杂物进入管道，造成故障。

柜式空调器室内机的安装与挂机相比，要注意柜机应固定在地面结实平坦的地方并使吹出的空气可以到达室内的每个角落。为了保证气流有流动的空间和日后的方便维修，要确保与周围物体的距离，顶端不低于 30cm，左右大于 40cm，后背距离墙壁大于 5cm。

4. 室外机的安装

室外机的安装应该在保证安全的前提下进行，室外机高空安装时必须使用安全带，做好防护措施，佩戴安全带时须检查安全带的锁扣是否扣紧，安全绳固定的位置是否牢固，确认做好防护措施后方可外出作业。

（1）室外机支架的安装。首先测量空调器室外机底脚横向和纵向固定孔间的位置，根据室外机安装注意事项选定安装位置，然后安装支架上方第一个固定孔，打孔并固定支架的一端，调整支架的另一端。用水平仪校准，使支架在水平的位置，如图 2-75 所示。

使用记号笔在支架其余固定孔处做上打孔标记，取下支架用冲击钻在标记处打膨胀螺栓安装孔，然后用膨胀螺栓固定安装支架。墙壁较薄或强度不够时，应使用穿墙螺栓固定，螺栓要加防松垫，否则螺帽可能松脱引起空调坠落。

图 2-75　安装室外机支架

固定室外机支架的膨胀螺栓应使用 6 个以上；5000W 以上的空调器应不少于 8 个膨胀螺栓，螺栓直径不得小于 10mm。固定后能够承受人加机器重量的 4 倍。

（2）室内、外机连接管的安装。室外机在支架上固定稳妥后，即可安装室内、外机连接管。

① 在安装连接管时，将室外机高低压的螺帽取下，将连接管的喇叭口中心对准室外机二三通阀的丝锥，先用手拧紧锥形螺母几圈，然后用扳手拧紧（拧紧力度不要过大，拧紧力矩如表 2-6 所示），如图 2-76 所示。

表 2-6　螺母拧紧力矩

铜管外径/mm	拧紧力矩/N·m
φ6	18～20
φ9	30～35
φ12	50～55
φ15.88	60～65

注意用力大小的掌握，用力过小会造成松动引起泄漏，用力过大会导致喇叭口损坏也会造成制冷剂泄漏。千万不要在螺母与丝锥没有对齐的情况下就用扳手拧动螺母，否则会造成管口和螺纹损坏。一旦螺母损坏，只能更换螺母重新扩口，严重的要更换室外机的二三通阀，造成不必要的损失。

② 空调器室内机与室外机安装位置的确定，在满足用户要求的同时还应注意不能超过空调器连接管长度的极限和内、外机最大落差范围。室内机与室外机连接管的长度范围与加制冷剂量如表 2-7 所示。

图 2-76　安装室外机连接管

表 2-7　室内机与室外机连接管的长度范围与加制冷剂量

空调匹数/P	1	1.5~2	3	5
连接管长度极限/m	10	15	15	15
内、外机最大落差/m	5	7	7	10
不需加制冷剂长度/m	6	7	7	7
追加制冷剂量/(g/m)	20	30	40	50

一般来说，要使室内机的安装位置高于室外机的安装位置，以利于制冷剂和冷冻油良性循环。当室外机比室内机高时，连接管应做回油弯处理，如图 2-77 所示。

图 2-77　连接管回油弯

③ 安装内、外机连接线时，一般先将连接线的室内机端接好，然后再接室外机端。接线时按标示符号对应进行连接，如图 2-78～图 2-80 所示。

图 2-78 安装内、外机连接线（一）

图 2-79 安装内、外机连接线（二）

图 2-80 安装内、外机连接线（三）

④ 内、外机接好后，接好的导线线头裸露部件不能太长，也不能有毛刺露出。线头连接不紧，会造成松动发热，导致接点烧蚀，甚至酿成火灾。电源线连接不牢，还会损坏控制电路，导致压缩机发生故障。

（3）排空操作。空调器安装完毕后应对空调器室内机和管路进行排空操作。排空操作可分为抽真空排空法和内气排空法两种，为了保护环境，保证空调器的使用性能，应优先使用抽真空方法排空，如果是变频机则必须使用抽真空法。下面具体介绍真空泵抽真空法的操作步骤。

① 检查室内、外机连接管螺帽是否拧紧。

② 用扳手拧下三通阀工艺口阀帽，如图 2-81 所示。

图 2-81　拧下三通阀工艺口阀帽

③ 将复合压力表低压软管与室外机三通阀工艺口连接，充注软管与真空泵连接，将压力表的阀完全打开，真空泵接通电源，启动真空泵进行抽真空操作，如图 2-82 和图 2-83 所示。

图 2-82　连接真空泵

图 2-83　启动真空泵进行抽真空操作

④ 真空泵运行 15min 以上，观察真空度达到 -0.1MPa 时，如图 2-84 所示，关闭压力表的阀，停止真空泵的运转。保持 1～2min 后，确认压力表指针没有回偏，如果回偏，检查并重新拧紧接头，重复该步骤抽真空操作。

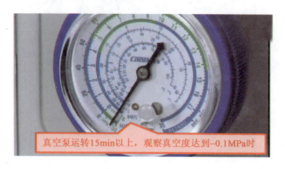

图 2-84　压力表指向 -0.1MPa

⑤ 抽真空完成后，逆时针全部打开二通、三通截止阀，如图 2-85 所示，并快速取下检修截止阀上的软管，拧紧截止阀阀帽及全部阀帽。

图 2-85　打开二通、三通截止阀

（4）检漏操作。为保证制冷系统能正常工作，要对所有的管路接头、阀门进行检漏操作，检漏点如图 2-86 和图 2-87 所示。

图 2-86　检漏点（一）

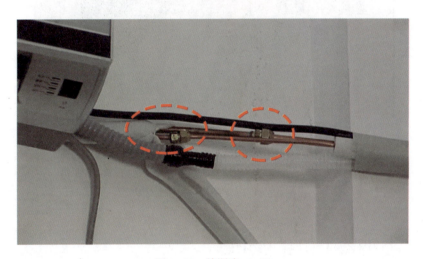

图 2-87　检漏点（二）

检漏时将带泡沫的洗涤剂依次涂在要检漏的管路接头处，检查有无增大的气泡出现，每个点的检查时间不得低于 3min。空调器除采用洗涤剂检测法外，还可以采用电子检漏仪等进行检漏，检漏时需对所有阀门及接头处进行检测，确认无泄漏点。

5. 运行调试

① 空调器安装完毕后要进行排水试验，拆下过滤网，从蒸发器上注入 300mg 左右的清水，观察水是否可以顺利从排水管流出。

② 插上电源插座，用遥控器开机，将空调器设置在制冷状态下运行，室内、外机应正

常开机,不能有异常碰擦声。

③ 空调器运行30min后,用温度计先测量室内机进风口再测量出风口温度,一般情况下:制冷运行时,进风口和出风口的温度差应大于8℃;制热运行时,出风口和进风口的温度差应大于15℃。

④ 空调器运行时,要检测空调器的运行电流是否在铭牌标注的范围内,如图2-88所示。如果电流过小,则需要检测是否缺少制冷剂;如果电流过大,则需要检测是否制冷剂过量或管路阻塞过载等。

图2-88 检测运行电流

⑤ 在空调器试机正常后,还应进行运行模式、风向调节、定时睡眠等功能的测试。

2.6 空调器上门移机步骤

家用分体式空调器的移机由准备工作、回收制冷剂、拆室内机、拆室外机、运输、空调器的重新安装、运行调试(加制冷剂)七个步骤组成。上述操作过程都必须严格按照规定操作,才能让空调移机后的制冷效果不受影响。

1. 准备工作

(1) 准备上门施工人员。要求至少二人或二人以上熟练的制冷修理工。

(2) 确定空调移动的位置,管线的长度是否足够。包括空调的安放位置是否适合,是否符合各种要求等。空调的重新移机也是需要符合一般安装空调位置的要求的,应该勘察好环境位置是否适合转移空调。

（3）准备好上门移机需要的材料和器材。包括制冷修理工具一套，以及室内、外机的固定用膨胀螺钉，需要更新、延长的管道、接头等材料。

> 提示：空调器延长管道就要相应地增加制冷剂（以R410A为例），一般5m长的管道不增加制冷剂，7m长的管道要增加40g制冷剂，15m长的管道要增加100g制冷剂。

2. 回收制冷剂

回收制冷剂是非常关键的一步，无论是冬季还是夏季移机，拆机前都必须把空调器中的制冷剂收集到室外机中去。具体操作如下：

（1）接通电源，用遥控器开机，设定制冷状态。

（2）待压缩机运转5min后，用扳手拧下室外机上液体管、气体管接口的阀杆封冒，如图2-89所示。

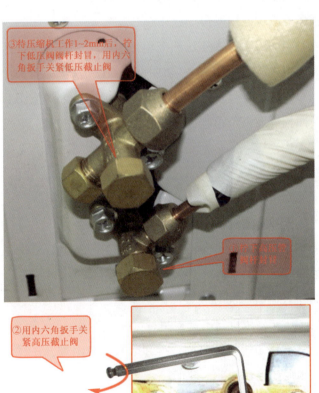

图2-89 回收制冷剂示意图

（3）用内六角扳手先关闭低压液体管（细管）的截止阀门，待约1min后低压液体管外表看到结露，再关闭低压气体管（粗管）的截止阀门，同时用遥控器关机。

（4）拔下220V电源插头，回收制冷剂工作结束。

 空调移机收氟，扫码看视频2-6

回收制冷剂应注意的是：要根据制冷管路的长短准确控制时间。时间太短，制冷剂不能完全收回；时间太长，由于低压液体截止阀已关闭，压缩机排气阻力增大，工作电流增大，发热严重。同时，由于制冷剂不再循环流动，冷凝器散热下降，压缩机也无低温制冷剂冷却，所以容易损坏或减少使用寿命。

控制制冷剂回收时间的方法有表压法和经验法两种。所谓表压法，即在低压气体旁通阀上连接一个单联表，当表压为0MPa时，表明制冷剂已基本回收干净，此方法适合初学者使用；所谓经验法，即凭维修经验积累出来的方法，通常5m的制冷管路回收时间为48s即可收净。收制冷剂时间长压缩机负荷增大，用耳听声音变得沉闷，空气容易从低压气体截止阀连接处进入。

3. 拆室内机

制冷剂回收后，可拆卸室内机。操作步骤如下：

（1）用扳手将室内机连接锁母拧开，用准备好的密封钠子旋好护住室内机连接接头的丝纹，防止在搬运中碰坏接头丝纹。

（2）用十字起拆下控制线。同时应做标记，避免在安装时接错。如果信号线或电源线接错，会造成室外机不运转，或机器不受控制。

（3）室内机挂板一般固定得比较牢固，拆卸起来比较困难，往往会造成挂板变形，可取下挂板，置于平面水泥地轻轻拍平、校正。

4. 拆室外机

拆室外机具有安全风险，应由专业制冷维修工在保证安全的情况下操作。具体拆卸步骤及注意事项如下：

(1) 拧开室外机连接锁母后，应用准备好的密封钠子旋好护住室外机连接接头的丝纹。

(2) 用扳手松开室外机底脚的固定螺钉。

(3) 拆卸后放下室外机时，最好用绳索吊住，卸放的同时应注意平衡，避免振动、磕碰，并注意楼下车和行人，在确保安全的前提下作业。

(4) 应慢慢将直室外空调器的连接管，用准备好的四个堵头封住连接管的四个端口（如图2-90所示为铜管堵头），防止空气中的灰尘和水分进入，并用塑料袋扎、盘好以便于搬运。

图2-90　铜管堵头

5. 运输

(1) 运输时，先将空调器的连接管圈成小圈，这样更方便运输。

(2) 将室内机、室外机、连接管放在运输车上，必须平稳，不得将室内机放在室外机上，以防止跌落损坏。

(3) 运输及搬运过程应轻拿轻放。

6. 空调器的重新安装

空调器的移机重装方法与先前介绍的新机安装方法基本相同，这里不再赘述。重装室内、外机时应注意以下几点：

(1) 准备重新安装空调器之前，应先对空调的内、外部进行清理，包括卸下挂机或柜机室内机的过滤网进行清洗。

(2) 安装室内机及连接管时，应先将连接管捋直，查看管道是否有弯瘪现象（如

图 2-91 所示），检查两端喇叭口是否有裂纹，如有裂纹，应重新扩口，以免造成漏氟。

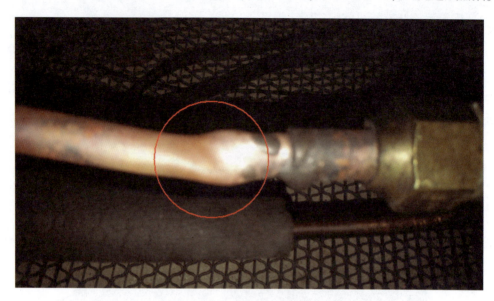

图 2-91 管道有弯瘪现象

（3）检查控制线是否有短路、断路现象，在确定管路、控制线、出水管良好后，把它们绑扎在一起并将连接管口密封好。

7. 运行调试（加制冷剂）

重新安装好室内、外机后，需要运行调试制冷效果，以确定是否需要加制冷剂。在空调器移机中，只要按照操作规范要求去做，开机运行后制冷良好，一般不需要添加制冷剂。但由于使用中的微漏或在移机中因为排空时动作迟缓，制冷剂会微量减少；或由于移机中管道加长等因素，空调器在运行一段时间后就不能满足正常运行的条件。如果出现如下情况，则必须补充制冷剂：压力低于 $4.9 kg/cm^2$；管道结霜；电流减小；室内机出风温度不符合要求。

> 提示：kg/cm^2 是行业实际操作中习惯用单位，其全称应该是 $kg·f/cm^2$。其与兆帕等单位的换算关系为：1 标准大气压 = 0.1MPa[兆帕] = 101kPa[千帕] = 1bar[巴] = 760mmHg（毫米汞柱）= 14.696[磅力/平方英寸]（psi）≈ 1 工程大气压 ≈ $1kg·f/cm^2$ [千克力/平方厘米]

运行中补氟，必须从低压侧加注。

（1）补氟前，先旋下室外机三通截止阀工艺口的螺帽，根据公、英制要求选择加气管。

（2）用加气管带顶针端把加气阀门上的顶针顶开与制冷系统连通，另一端接三通表，用另一根加气管一端接三通表,一端虚接 R22 气瓶,并用系统中的制冷剂排出连接管内的空气,如图 2-92 所示。

图 2-92　补氟操作示意图

(3) 听到管口"嗞嗞"响声 1～2s,表明空气排完,拧紧加气管螺母,打开制冷剂瓶阀门,把气瓶倒立,缓慢加制冷剂。

(4) 当表压力达到 4.9～5.4kg/cm^2 时,表明制冷剂已充足。

(5) 关好制冷剂瓶阀门,使空调器继续运行,观察电流、管道结露现象。当室外机水管有结露水流出,低压气管(粗管)截止阀结露时,确认制冷状况良好,如图 2-93 所示。

图 2-93　加制冷剂时截止阀结露

(6)卸下三通阀工艺口的加气管,旋紧螺帽。移机成功。

 空调移机,扫码看视频 2-7

> ★ 提示:变频空调加注制冷剂的运行压力要大于定频空调,通常采用 R410A 制冷剂的变频空调,其运行压力要达到 $8\sim9kg/cm^2$ 才是最佳充注量。

2.7 使用修理阀和真空泵对空调器进行抽真空训练

空调器移机或新机安装时,由于室内机相连的管路在拧开螺钉后会与空气有接触,与室外机连接管路内的空气和制冷剂混合,可能会造成空调无法正常运行,运行的压力高低不稳定,出现冰堵等故障现象,因此当连接好室内、外机后应进行抽真空处理。

抽真空主要用到修理阀和真空泵。具体操作步骤如下:

(1)拧开三通阀(粗管)的阀杆封冒,如图 2-94 所示。

图 2-94 拧开三通阀的阀杆封冒

(2) 将压力表的蓝管与真空泵相连,室外机的气管(粗管)三通阀修理口用红管接上压力表,并检查各连接是否良好,如图 2-95 所示。

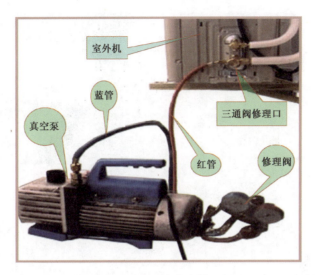

图 2-95　抽真空管路连接示意图

(3) 先开启真空泵,再打开修理阀阀门,开始抽真空。观察修理阀,将压力抽至 -0.1MPa,再抽 15～20 分钟。

(4) 与上一步相反,先关闭修理阀阀门,再停止真空泵,观察修理阀压力是否回升,如图 2-96 所示。

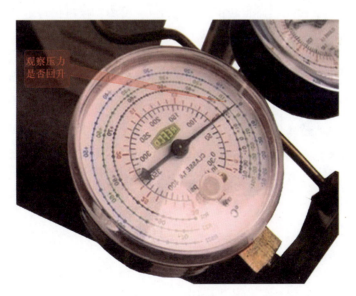

图 2-96　停止抽真空、观察修理阀压力是否回升

(5) 使用内六角扳手打开液管阀截止阀（细管二通阀），约 10s 后迅速关闭，如图 2-97 所示。

图 2-97 开启再关闭二通阀

> **提示**：开启再关闭二通阀，目的有：一是使管路内变成正压力，用以进行检漏；二是使后面步骤在正压状态下摘表，以防止空气回流。

(6) 用检漏枪或肥皂水检测连接头等位置是否存在泄漏。

(7) 摘表，将三通阀、二通阀截止阀全部打开，开空调试机运行。

(8) 空调器运行正常，抽真空训练操作结束。

> **提示**：新型一级节能全直流变频空调更换制冷剂时不像定频空调那样只经过简单的制冷剂吹空即可充注新制冷剂，而是必须要抽真空方能充注新的制冷剂。因为一级节能空调的精度较高，只要系统有一点水分或不凝性气体，就会影响变频空调的节能效果。正常的抽真空时间必须在 15～20min，才能保证系统内的空气被完全抽走，否则容易影响空调的整体性能，造成制冷/制热效果差，能耗变高。

第 3 章

互联网+APP 维修必备知识

3.1 空调器结构组成

3.1.1 分体壁挂式空调器的结构

1. 室内机结构组成

壁挂式空调器室内机主要由前面板、导风板、驱动电动机、蒸发器、贯流风扇、电装盒、显示板（屏）、主板、空气滤尘网、传感器、连接管路和遥控器等部分构成。典型壁挂式空调器室内机实物组成如图 3-1 所示。

变频空调室内机的结构组成与定频空调室内机的组成类似，其他部分的结构基本相同（如图 3-2 所示），所不同的是主板部分。变频空调所有的连接均通过室内机主板连接（如图 3-3 所示），室内机与室外机之间的连线更少，一般只有 4 根线（零线 N、火线 L、公共线 C、接地线 G），室内、外机之间的信号传输是通过 N、L、C（1、2、3）三根线载波完成的（如图 3-4 所示），没有单独的信号线。另外，变频空调与定频空调最大的区别是前者的室内、外机均有主板，室内机主板与室外机主板均为独立的板载开关电源供电，总电源既可以是室内机供电，也可以是室外机供电，而不像定频空调那样均由室内机供电到室外机。变频空调室外机的传感器也不是通过信号线连接到室内机，而是直接接在室外机的主

图 3-1　典型壁挂式空调器室内机实物组成图

板上。变频空调室内、外机主板均直接接插面板控制、网络连接、传感器、驱动电动机等所有部件（如图 3-5 所示为海尔 1.5P 壁挂式全直流变频空调室内机主板结构组成图），不需要通过第三方转接，因而电路更为简洁，维修更为方便。电路故障都集中在主板上，更换主板可以解决大部分故障。

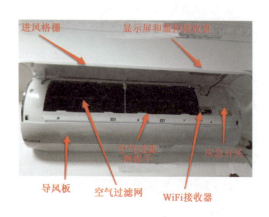

图 3-2　结构相同部分

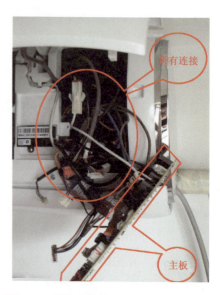

图 3-3　所有连接均通过室内机主板连接

第 3 章　互联网+APP 维修必备知识

图 3-4　N、L、C（1、2、3）三根线载波

> 提示：与定频空调相比，全直流变频空调室内机主板看不到风扇启动电容了，也看不到室内、外机的连机线接线盒，室内、外机连机线直接插在室内机的主板上。另外，智能空调还增加了 MAC 模块和空气净化装置。

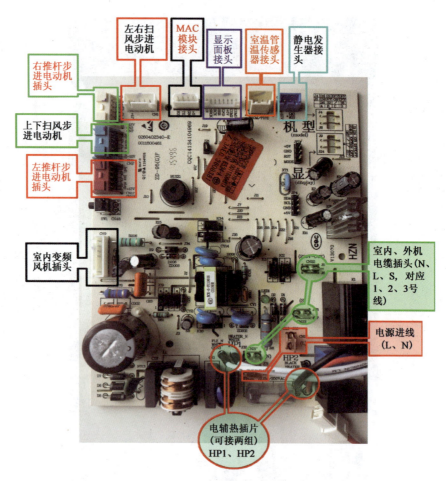

图 3-5 一块主板连接所有的电源和部件

2. 室外机结构组成

壁挂式空调器及柜式空调器室外机通常由压缩机、热交换器、系统管道（如截止阀、毛细管、电磁四通阀、单向阀等）、电器箱体、轴流风扇及电动机等部件组成。其中压缩机是空调器制冷系统的动力核心，它可将吸入的低温、低压制冷剂蒸汽通过压缩提高温度和压力，让里面的制冷剂动起来，并通过热功转换达到制冷的目的。典型空调器室外机内部结构实物组成如图 3-6 所示。

变频空调的室外机也采用独立的主板（如图 3-7 所示）完成独立控制和变频输出功能，与室内机之间只有 L、N、C、G 四芯电缆相连，没有其他信号线和连接线。室外机主板也采用独立的板载开关电源为变频模块供电。主板除了与电磁四通阀、外风机、压缩机连接外（与定频空调相同），还增加了室外环温传感器、管温传感器、除霜温度传

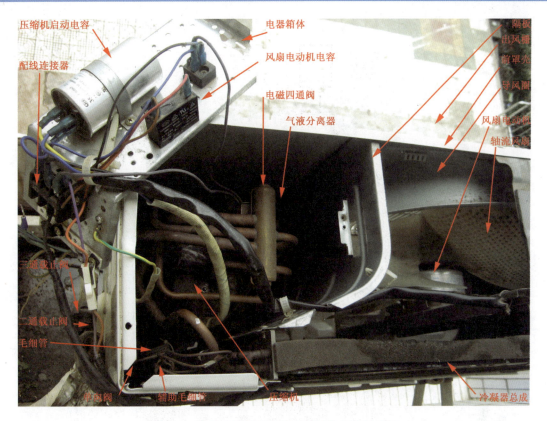

图 3-6 典型空调器室外机内部结构实物组成图

感器、压缩机温度传感器、电子膨胀阀、电抗器等（如图 3-8 所示为室外机主板连接部件）。

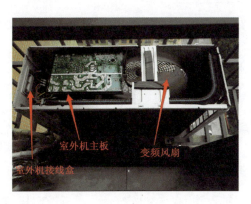

图 3-7 变频空调的室外机

变频空调室外机参考电气接线图如图 3-9 所示（具体为海尔 KFR-35GW/15DCA21AU1 变频空调室外机接线图），供读者参考。

图3-8 室外机主板连接部件

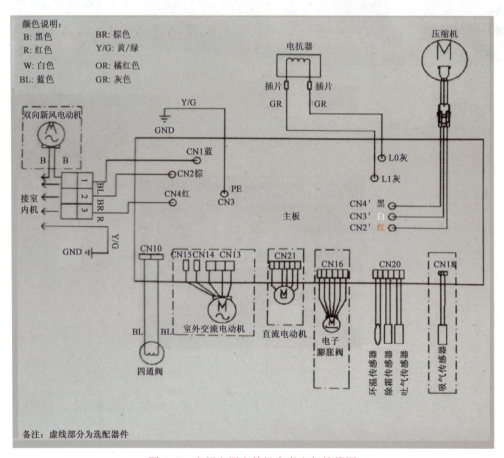

图3-9 变频空调室外机参考电气接线图

> 提示：与定频空调结构明显的不同之处：全直流变频空调室外机看不到空调启动电容和风扇启动电容，而是采用全直流直接驱动。

3.1.2 分体柜式空调器的结构

1. 室内机结构组成

柜式空调器室内机主要由室内换热器、贯流式风扇电动机、电气控制系统等组成。通常室内换热器安装于机壳内回风进风栅的后部，即机壳内上部；贯流式风叶和风扇电动机装于机壳内送风栅的后部，即机壳内下部；电气控制系统装于贯流式风扇电动机的上部和下部。典型柜式空调器室内机内部结构分解实物如图 3-10 所示。

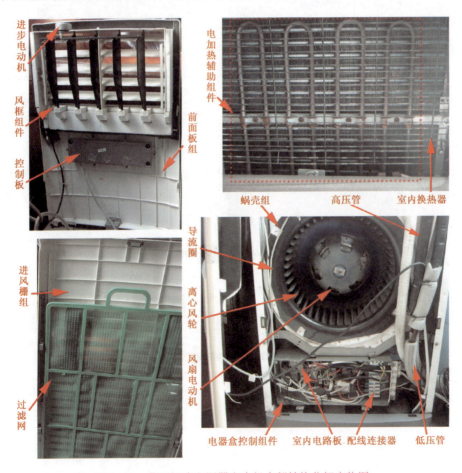

图 3-10　典型柜式空调器室内机内部结构分解实物图

2. 室外机结构组成

柜式空调器室外机的组成与壁挂式空调器一样。柜式变频空调的室内、外机结构与壁挂式变频空调室内、外机结构类似，也是室内、外机采用独立的主板控制，请参考壁挂式变频空调学习，不再重述。

3.2 空调器制冷/热原理

3.2.1 空调器制冷原理

空调制冷原理如图 3-11 所示，整个制冷工作过程如下：空调工作时，制冷系统内的低压、低温制冷剂蒸汽被压缩机吸入，经压缩为高压、高温的过热蒸汽后排至冷凝器；同时室外侧风扇吸入的室外空气流经冷凝器，带走制冷剂放出的热量，使高压、高温的制冷剂蒸汽凝结为高压液体；高压液体经过节流元件（毛细管或电子膨胀阀）降压、降温流入蒸发器，并在相应的低压下蒸发，吸取周围热量；同时室内侧风扇使室内空气不断进入蒸发器的肋片间进行热交换，并将放热后变冷的气体送向室内。如此，室内、外空气不断循环流动，达到降低温度的目的。

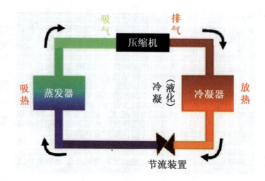

图 3-11　空调制冷原理

3.2.2 空调器制热原理

空调热泵制热是利用制冷系统的压缩冷凝热来加热室内空气的，如图3-12所示，整个制热工作过程如下：低压、低温制冷剂液体在蒸发器内蒸发吸热，而高压、高温制冷剂气体在冷凝器内放热冷凝；热泵制热时通过电磁四通阀来改变制冷剂的循环方向，使原来制冷工作时作为蒸发器的室内盘管变成制热时的蒸发器；这样，制冷系统在室外吸热、在室内放热，实现制热的目的。

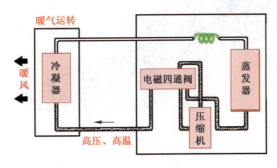

图3-12 空调制热原理

3.3 空调器最新功能原理介绍

3.3.1 空调除甲醛功能原理

除甲醛空调是在空调中集成除甲醛模块（如图3-13所示），它由9种稀有材料经过多道工艺流程烧制而成，形状如绿豆大小的球形颗粒，它的表面布满了蜂窝状的磁极孔径。其工作原理是：利用空调循环送风通过空调中的除甲醛模块能够迅速捕捉甲醛，并破坏其分子结构，将甲醛催化氧化分解成二氧化碳和水，从根本上高效去除甲醛，清新空气。

海尔、海信、格力、美的、志高等品牌空调厂家均已推出除甲醛空调［如海尔KFR-35GW/03JMY23AU1（Q）型变频空调］，除甲醛模块安装在过滤网左右框中。除甲醛效果

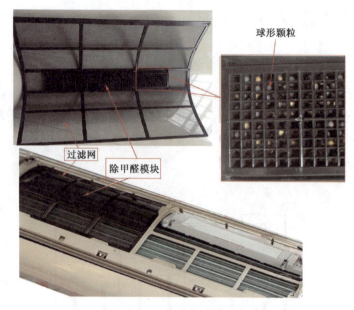

图 3-13　除甲醛模块

与房间结构、房间大小及房间内甲醛释放量密切相关,不同机型、不同环境的效果可能有所差异。

3.3.2　空调清新空气功能原理

空气清新是指空气净化功能,空调所谓的空气清新有两种:一种是在内置的滤网处安装一层薄薄的空气滤网,例如现在很多空调都有自动灭菌的过滤网;另一种是增加一个负离子发生器(有些空调把负离子发生器并联到空调的压缩机电路上,有些空调本身就带有负离子发生器,拆开空调室内机,就能看到一根或多根电线金属探头,这就是负离子发生器,如图 3-14 所示),它通过高压电场来激发大量负离子,用室内机风扇将离子吹出后,与空气中的灰尘进行电离,这样有效平衡空气中正、负离子的浓度,并有除菌及加速家中尘埃沉淀的功能,使房间的空气清新健康。一般高端空调会有负离子发生器,负离子并不能通过滤网产生,必须通过一个专用模块电路,所以有负离子发生器的空调会有负离子的指示灯。

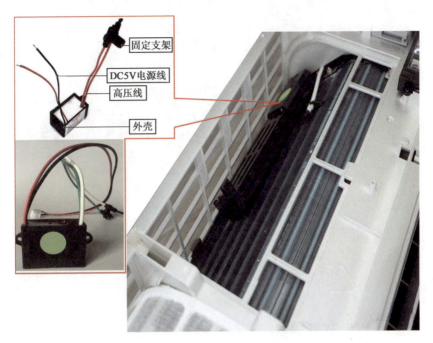

图 3-14 负离子发生器

3.3.3 空调自清洁功能原理

所谓自清洁空调是利用使蒸发器结霜的原理,在化霜时,一并将蒸发器上的脏污洗净。一般带自动清洁功能的空调通过制冷时产生的冷凝水将蒸发器上的灰尘带走,再利用空调内部空气的流动吹干蒸发器。海尔独创的自清洁 6 项创新技术(如海尔 KFR-50LW/22HBA22AU1 自清洁智能柜式空调),利用遥控器控制自清洁功能,在制冷、制热任何模式下,利用水结霜产生的冷膨胀力,让换热器下的冷凝水结冰结霜(1g 水结冰时产生 960kg/cm² 的膨胀力),将污垢从换热器上强力剥离,且自带抗菌涂层,实现空调室内、外机都能自清洁。海尔自清洁空调冷膨胀技术如图 3-15 所示。

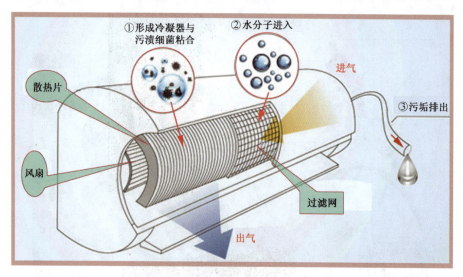

图 3-15　海尔自清洁空调冷膨胀技术

3.3.4　空调 WiFi 功能原理

　　WiFi 智能空调就是在空调上加装 WiFi 智能模块（如图 3-16 所示），能够用手机通过 WiFi 网络实现远程控制、运行管理、能耗管理、设置睡眠曲线等功能，净享舒适温度。WiFi 功能不仅可以使用户在任何时间、任何地点操控家里的空调，而且还能实时得知空调的运行状态。当手机（须具备 WiFi 功能）与空调同处一套房子内时，将自动转换为近程模式，无须家庭无线路由器，智能终端可直接连接空调进行遥控，手机或平板电脑就是遥控器。

　　使用方法：用智能手机扫描随机配备的二维码下载安装专用 APP（例如海尔空调专用的"海尔好空气"，如图 3-17 所示）→下载后点击进入即可看到添加设备选项卡→点击添加设备进入之后输入家里的 WiFi 密码就可加入家中的空调→缓冲后可看到添加的空调的 IP 地址，至此完成了空调与 APP 的绑定（如图 3-18 所示，若要解除绑定可点击图中"解除绑定"图标）。点击绑定的空调就可以看到各种空调的控制选项，并对空调进行控制（如图 3-19 所示）。

MAC:DC330D144901
WiFi智能模块

图 3-16　WiFi 智能模块

1.9K/s
11:12
44%
关于我们
海尔好空气
版本信息: 2.26.0 (2018011501)
海尔集团 版权所有
©1984~2017 Haier.All rights reserved.

图 3-17　“海尔好空气” APP

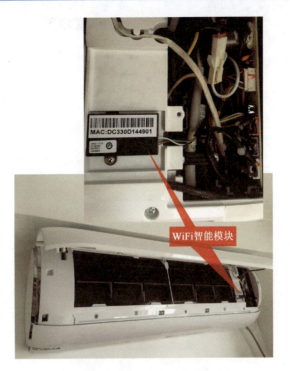

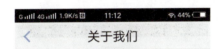

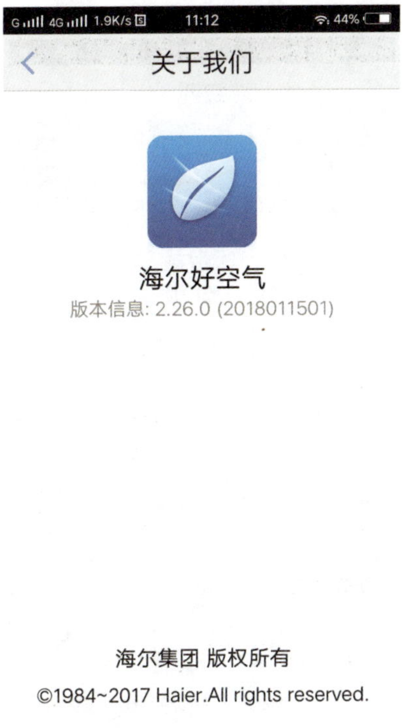

图 3-18　空调绑定 APP

图 3-19　通过 APP 对空调进行控制

第4章

互联网+APP 维修方法秘诀

4.1 上门维修方法

空调上门维修有以下几种方法。

1. 看

通过"看"来判断故障部位和原因，具体内容有以下几个方面：

（1）看室内、室外连接管接头处是否有油迹，主要是看连接管接头处是否存在松动、破裂；看室内蒸发器和室外冷凝器翅片上是否有积尘、积油或被严重污染。

（2）看室内、室外风机运转方向是否正确，风机是否有停转、转速慢、时转时停现象。

（3）看压缩机吸气管是否存在不结露、结露极少或者结霜现象；毛细管与过滤器是否结霜，判断毛细管或过滤器是否存在堵塞。

（4）看故障代码显示，并根据其含义来判断故障点。

（5）查看压敏电阻、整流桥堆、电解电容、三极管、功率模块等是否有炸裂、鼓包、漏液现象，或者线路是否存在鼠咬、断线、接错位及短路烧损故障现象。

2. 听

通过"听"来判断故障部位和原因，具体内容有以下几个方面：

（1）听室内、室外风机运转声音是否顺畅；听压缩机工作时的声音是否存在沉闷摩擦、共振所产生的异常响声。

(2) 听毛细管或膨胀阀中的制冷剂流动是否为正常工作时发出的液流声。

(3) 听电磁四通阀换向时是否有电磁铁带动滑块的"啪"声、气流换向时是否有"哧"声。

3. 摸

通过"摸"来判断故障部位和原因,具体内容有以下几个方面:

(1) 摸风机外壳、压缩机外壳是否烫手或温度过高;摸功率模块表面是否烫手或温度过高。

(2) 摸电磁四通阀各管路表面温度是否与空调的工作状态温度相符合;也就是说该冷的要冷,该热的要热。

(3) 摸单向阀或旁通阀两端温度是否存在一定的差别,以判断阀是否打开,开度是否正常。

(4) 摸毛细管与过滤器表面温度是否比常温略高,或者出现低于常温和结霜现象。

> ☆ **提示**:特别应注意在检修空调器因内部导线与铜管摩擦引起的铜管穿孔故障时,往往会因导线绝缘层磨损而出现内部线芯与铜管搭铁的现象,此时整机外壳都会有电,一旦用手去触摸,会引起电击。所以故障试机时一定要用试电笔检测机壳是否有电,处理故障时一定要完全断开电源插头,以免引起维修人员伤亡事故。此类事故在实际维修特别是高楼空调外机维修中并不少见。切记!

4. 闻

通过"闻"来判断故障部位和原因,具体内容有以下几个方面:

(1) 闻风机或压缩机的机体内外接线柱或线圈是否有因温度升高而发出的焦味;闻线路板、三极管、继电器、功率模块等是否有焦味。若有焦味则有可能是压缩机线圈或接线柱烧断。如图 4-1 所示为压缩机接线柱烧断案例,此类故障会闻到明显的焦味。

遇压缩机接线柱烧断,可先用小锉刀将接线柱的氧化层打磨掉,将烧坏的电线截断一截,再剥出外皮,在线端冷压一个子弹头插簧头(如图 4-2 所示),然后购买一个压缩机专用接线柱修理铜头(如图 4-3 所示),将插簧头插入修理铜头的十字螺钉一端,旋紧螺钉,最后将铜头的另一端插入压缩机接线柱,旋紧内六角螺钉即可。若没有专用修理铜头,也可到废旧空气开关上拆下一个接线卡(如图 4-4 所示)代替修理铜头,其修理效果是一样的。

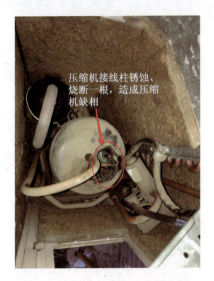

图 4-1　压缩机接线柱烧断案例

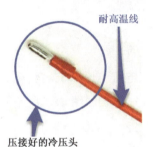

图 4-2　在线端冷压一个子弹头插簧头

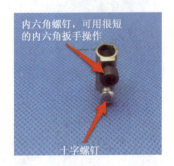

图 4-3　压缩机专用接线柱修理铜头

（2）闻切开制冷管路后管路及压缩机排出的制冷剂和冷冻油是否带有线圈烧焦味或冷冻油污浊味。

5. 测

通过使用专用维修仪表工具对相关部位进行测量，来判断分析故障部位和原因，具体内容有以下几个方面：

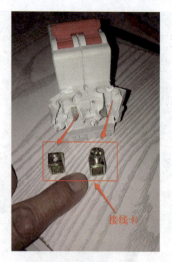

图 4-4　到废旧空气开关上拆下一个接线卡

（1）测量室内、室外机进出风口温度是否正常。

（2）测量压缩机吸排气压力是否正常。

（3）测量电源电压和整机工作电流与压缩机运转电流是否正常。可通过用钳形电流表检测外机零线总电流是否正常进行判断（如图 4-5 所示），例如 1.5P 的挂机，其外机工作电流在 5A 左右说明正常，若只有 2～3A，则可能是压缩机缺相，还有一相没有电流，应重点检查压缩机接线柱、绕组、电容和供电电路。

图 4-5　用钳形电流表检测外机零线总电流

（4）测量风机、压缩机线圈间的电阻值，判断是否存在开路、短路或碰壳现象。

> **提示**：若出现碰壳现象，空调的内、外机外壳均会带电，检修时一定要注意安全，先用试电笔测试空调外壳是否带电，若带电则要断开总电源再进行检查，不能带电进行检查。

（5）测量功率模块输出端电压是否有三相中不平衡、缺相或无电压输出故障。

（6）测量线路及元件的阻值、电压、电流等，判断分析线路及元件是否存在不良及损坏现象。

4.2 上门检修思路

检修空调器故障时，检修人员应熟悉制冷系统功能和电路原理。在空调器的故障中，故障原因主要有两类：一类为机器外原因或人为故障，另一类就是机器本身的故障。其中，机器本身的故障又可分为制冷系统故障和电气系统故障两类。在分析处理故障时，应首先排除机器的外部故障。排除机器的外部故障后，再排除制冷系统故障（例如，制冷系统是否漏氟、管路是否堵塞、冷凝器是否散热等）。在排除制冷系统故障后，再进一步检查是否为电气故障。在电气故障方面，首先要检查电源是否有问题，然后再检查其他电控系统有无问题（例如，电动机绕组是否正常、继电器是否接触不良）。这样按照上述的思路和维修程序，便可逐步缩小故障范围，从而迅速排除故障。

空调器电路故障检修思路是：先电源后负载，先强电后弱电；先室内后室外，先两端后中间；先易后难。检修时如能将室内与室外电路、主电路与控制电路故障区分开，就会使电路故障检修简单和具体化。判断空调器电路故障的几种检修思路如下。

1. 判断室内与室外电路故障

空调器实际维修中，判断室内与室外电路故障，应按以下思路进行检修：

（1）对于有故障显示的空调器，可通过观察室内与室外故障代码来区分故障部分。

（2）对于采用串行通信的空调器电路，可通过测量信号电压或是用示波器测量信号线的波形来判断故障部位。

（3）对于有输入与输出信号的空调器，可采用短接方法来进行判断。若采用上述方法后，空调器能恢复正常，则表明故障在室外机；若故障未能排除，则表明故障在室内机。

（4）测量室外机接线端上有无交流或直流电压，判断故障部位。若测量室外接线端子上有交流或直流电压，则表明故障在室外机；若测量无交流或直流电压，则表明故障在室内机。

（5）对于热泵型空调器不除霜或除霜频繁，多为室外主控电路板故障。

（6）有条件也可通过更换电路板来区分室外机故障。

2. 判断控制与主电路故障

判断控制与主电路故障，应按以下思路进行检修：

（1）测量室内与室外保护元器件是否正常，以判断故障区域。若测量保护元器件正常，则表明故障在控制电路；若测量保护元器件损坏，则表明故障在主电路。

（2）对于空调器来说，可以通过空调器的故障指示灯来进行判断，如 EEPROM、功率模块、通信故障等。

3. 判断保护与主控电路故障

判断保护与主控电路故障，应按以下思路进行检修：

（1）可通过检测室内、外热敏电阻、压力继电器、热保护器、相序保护器是否正常来判断故障部位。若保护元器件正常，则表明故障在主控电路；若不正常，则表明故障在保护电路。

（2）采用替换法来区分故障点。若用新主板换下旧主板，故障现象消除，则表明故障在主控电路；若替换后故障依然存在，则表明故障在保护电路。

（3）利用空调器"应急开关"或"强制开关"来区分故障点。若按动"应急开关"后空调器能制冷或制热，则表明主控电路正常，故障在遥控发射与保护电路；若按动"强制开关"后，空调器不运转，则表明故障在主控电路。

（4）通过观察空调器保护指示灯亮与否来区分故障点。若保护灯亮，则表明故障在保护电路；若保护灯不亮，则表明故障在主控电路。

（5）对于无电源显示故障，首先检查电源变压器、压敏电阻、熔丝管是否正常，若上述元器件正常，则表明故障在主控电路板。

（6）测量主控板直流电 12V 与 5V 电压正常，而空调器无电源显示也不接收遥控信号（遥控器与遥控接收器正常情况下），多为主控电路故障。

4.3 上门维修秘诀

空调器上门维修时应掌握以下秘诀：

（1）当故障为用遥控器开机空调无反应时，为了快速判断是遥控器还是空调器故障，首先应使用空调器的应急按钮键；另外最好备带一款好遥控器，如果用备用遥控器能开机，肯定是遥控器故障。当遥控器确定无故障，信号还是发射不出去，可用室内机强制运行开关验证，强制运行时，室内贯流风机和室外压缩机若运转正常，制冷效果良好，则证明空调器室内机红外接收部位有故障。

（2）空调通电后无任何反应，一般先检查变压器、保险管、整流桥，主要是测量 5V 电压等，若电压均正常，则这种问题大部分出在 CPU 旁边的晶振上，更换晶振即可。

（3）当故障为遥控器的定时功能出现时间偏差时，可通过用示波器检测遥控器晶振的频率来判断，但上门维修时没有检测条件，可直接更换晶振。

（4）对于空调不定时自动开关机故障，可先清洗一下接收板，若故障依旧，则更换接收头或拿下应急开关即可。

（5）空调开机几分钟或数十分钟后外机自动停机，一般问题出在室内管温传感器上，更换即可。

（6）空调开机出现各种故障代码，但上门时无法查到故障代码含义，此时可直接进行这几项检查，一般问题都可以解决：观察电路板和室内、外机是否过脏，测量室内、外机连接线，测量传感器，测量电源电压，检测电动机是否掉相等。

（7）空调显示故障代码有两种：一种是通电即显示故障代码，一般问题出在电源、连机线、信号线和主板上；另一种是运行一段时间后显示故障代码，一般问题出在传感器上。

（8）当空调出现故障，怀疑问题出在控制系统时，可将室内机控制器上的开关置于"试运行"挡（此时微处理器会向变频器发出 50Hz 频率信号），若此时空调器能正常运转且工作频率不变，可排除整个控制系统有问题的可能；若空调器运转失常，则问题出在控制系统。

（9）对于变频空调来说，当开机无反应时，一般是室内机开关电源损坏。若室内机指示灯亮，但室外机不工作，通常会出现故障代码提示，若未出现故障代码提示，则重点检查连机线上的脉冲载波电压是否正常。若为恒定电压，则说明室内、外机通信异常。重点检查连机线是否松动，接头是否氧化或线序接错，变频空调连机线中火线和零线的顺序不能接错。

（10）上门检修变频空调时，因变频空调故障大多集中在室内、外机控制板上，更换控制板可解决大部分故障，因此若条件允许，上门维修时最好带上同型号代换板或万能板，这样维修效率最高，维修工作也最简单。目前大部分厂家售后均是采用这一维修方法。

（11）从上门维修的统计数据看，变频空调制冷系统故障相对电路故障要少很多，而定频空调电路故障比制冷系统故障要少很多。上门维修前一定要弄清楚对方的空调是哪种类型、哪个型号。用户不清楚型号，可让用户将铭牌拍照发来，以便带上相应的制冷剂和维修工具，因为变频空调换制冷剂大多要抽真空，而定频空调则不一定需要。

（12）R32、R290制冷剂空调是目前维修难度较大的一类空调，因其易燃易爆，故一定要注意安全（R290严禁动焊枪维修）。上门维修时应带上多个防拆卸接头，焊接防拆卸接头之前要完全放空管道内的制冷剂且必须进行抽真空处理，焊接时要在远离高温、烟火的地方单独焊接，以免产生爆炸。R32制冷剂空调室内机管道连接部分要全部使用防拆卸螺母（如图4-6所示，铜帽内有倒扣，只能旋进，不能旋出）。管道延长最好能不焊接的尽量不焊接，采用铜管对接头（如图4-7所示为同径对接头，如图4-8所示为异径对接头）连接，快速安全。采用防拆卸螺母连接或对接头连接时，高、低压管在接头处应错位连接（如图4-9所示），不得平位连接，以便坚固螺母和包扎保温管。

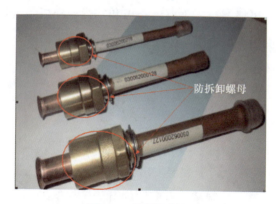

图4-6　防拆卸螺母

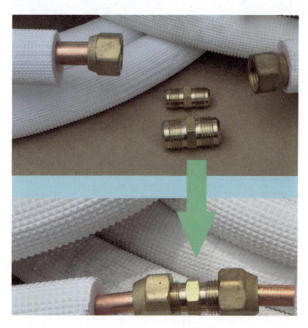

图 4-7 同径对接头

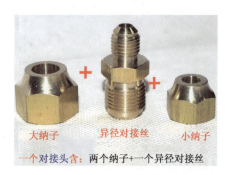

图 4-8 异径对接头

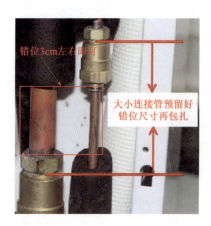

图 4-9 错位连接

4.4 空调通病良方

上门观察故障现象	快速确定故障部位	快速处理秘诀
奥克斯 KFR-72LW/N-2 空调器更换新的蒸发器后,导致出现电加热不工作现象	更换蒸发器后改变了管温位置,造成 CPU 误判而关闭电辅加热功能	将管温装回原位
格力 2～3P 竹林风系列变频空调器显示故障代码"E6",且绿灯正常闪烁	C511 电容击穿	用高压瓷片电容 103/1kV 更换
格力 KFR-50LW/(50569) Ba-3 2P 柜机自动停机并显示"E3"低压保护	压力开关损坏	直接更换压力开关
海尔 KFR-23GW/D 空调器出现不制冷、压缩机不转现象	压缩机控制电路反相器 UL2003 损坏	更换即可
海尔 KFR-28GW/01B(R2DBPQXF)-S1 变频空调器完全不工作	三端稳压集成电路 L7805CV 损坏	用 78L05、78M05、LT7805 直接代换
海尔 KFR-50LW/R(DBPQXF)变频空调器显示"E7"故障	CN10 接口除霜传感器、E8 电容、R37、R25 电阻几处元件任一存在故障所致	更换损坏元件。该故障的检修方法同样适用于海尔 KFR-60 LW/R(DBPQXF)、KFR-72LW/R(DBPQXF)机型
美的 KFR-32GW/DY-GA(E5)空调器不能遥控	接收板有潮湿空气对线路造成腐蚀	断开接收头输出脚的线路,用飞线把输出脚连到控制板的第一根线上(最边上那根线)
美的 KFR-72LW/BP2DY-E 型变频空调器不工作,屏幕显示"P2"代码	压缩机顶部温度保护装置故障	更换压缩机顶部温度保护装置
松下 CS-G120 变频空调器出现室外机不工作故障	开关电源三端稳压集成电路 IC4 损坏	更换 IC4
新科 KFR-50LW/BP 变频空调器通电后室内机风扇电动机高速转动,风速失控	控制电路反相驱动器 IC2(TDG200AP)损坏	更换 IC2
月兔空调器出现启动频繁故障	缺氟或管温传感器值改变	给空调器加氟到规定值,或更换 5k 管温传感器

4.5 控制板换板修机

1. 原配控制板换板维修技巧

对于控制板损坏严重的空调器建议采用换板维修方法,这样既方便又快捷。采用原配控制板代换的方法比较简单,即直接购买相同型号相同编号的控制板,将接插件插上即可使用。

需要注意的是,同一个品牌的空调器控制板大多不可以进行同板换板维修。一定要注意配件编号须相同,如图 4-10 所示。只有相同型号相同编号的控制板才能直接代换。

图 4-10 控制板编号识别

 原配板换板维修,扫码看视频 4-1

2. 通用控制板换板维修技巧

空调器生产厂家的转、停产给空调器维修点的维修工作增加了难度,尤其是控制板,在无法找到原厂产品的情况下，只能换用通用控制板。

通用控制板又称万能改装板，一般用于普通空调器的换板维修。如图4-11所示，为壁挂式空调器万能改装板，主要由主板、电源变压器、显示板、室内温度/管温传感器、遥控器等组成。

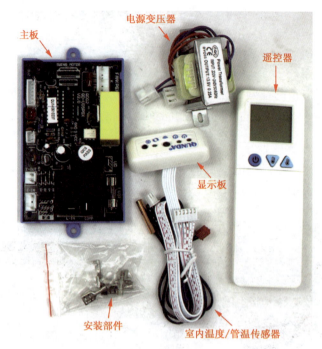

图4-11 壁挂式空调器万能改装板

代换万能改装板之前，应注意连接端口匹配、换板型号匹配，一般在其包装盒上附有线路连接图和产品说明。如图4-12所示，为某壁挂式空调器万能改装板线路连接图。

对于室内风扇电动机的风速，通用控制板是利用三个继电器来进行转换的，如果空调器风扇电动机是抽头式的就好办，三个抽头分别接在通用控制板的三个风速挡上即可。如果室内风扇电动机是电子变速的，就不能按照抽头式电动机的方式来改了，否则就只有一个最高风速挡。

典型普通壁挂式空调器通用万能改装板的换板维修可参照如下操作方法：

（1）取下损坏的控制板。

（2）用万用表电阻挡测量室内风机的5根线，阻值大的两根接电容。把这两根线并在一起，测量其他三根，阻值大的为低速风挡，阻值小的为高速风挡，剩下的为中速风挡。

（3）将高、中、低挡三根线分别插到控制板上，再从接电容的两根线中并入一根接电源。如果试机发现风机转向不正确，可调换之。

（4）步进电动机接线的公共端子必须与通用控制板插座的公共端子之一对正，风向电

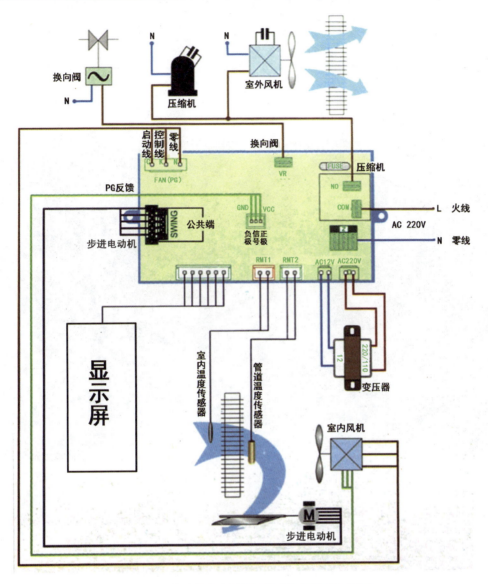

图 4-12　某壁挂式空调器万能改装板线路连接图

动机才能工作。如果电动机反转，则调换之。

（5）接好四通阀及室外机连线。

（6）恢复所有安装，如果试机正常，则换板成功。

 定频空调通用板换板维修，扫码看视频 4-2

3. 变频空调器室外电源板换板维修技巧

变频空调器室外电源板如图 4-13 所示，主要由高直流电压电路、强滤波电路及控制电路组成。更换时应注意以下事项：

图 4-13　变频空调器室外电源板

（1）由于室外电控多为强电部件，控制器采用部分隔离的控制方式，许多回路与强电共地，因此操作时务必注意人身安全。

（2）室外电源板电路在维修过程中，由于强电与弱电之间比较近，因此要注意测量地等安全问题。

（3）因室外电源板上有大的电解电容，电源切断后电容仍有大量余电需要时间释放，应耐心等待电容放电完毕后再进行操作，完全放电时间大概 30s；或者在 DC-、DC+之间外接一负载（如电烙铁等）进行人工放电。电荷放尽以后，用指针式万用表"$R\times10k$"挡检测，指针应指到"0"，然后慢慢退到"∞"，否则电解电容器损坏。

（4）在进行维修之前一定要对室外电源板电路有一定的了解，最基本的是要了解电路是由几部分组成的，各部分大概在什么位置，可能的作用是什么。

（5）对于一拿到室外电源板就开始测量，或者直接上电检测等是极不科学的维修方法，很有可能造成维修板二次损坏。

(6) 室内、外连接线线序必须保持正确，否则除无法工作外还可能损伤电控制器。拆卸螺钉时应注意防护，避免螺钉或其他异物掉落到电路板上或电控盒里，若有必须及时进行清理。

4. 变频模块换板维修技巧

(1) 变频模块的拆卸方法

当确认变频模块需要更换时，应注意检查室外控制板是否已经放电完成，因为故障机往往耗电回路已经烧断，放电速度相对缓慢。可通过目测外板指示灯是否完全熄灭予以判断，也可以直接用万用表直流挡检测 P-N 之间的电压是否已经低于 36V。

确认放电完成后才可以拆卸模块。该要点关系到人身安全，同时也可避免新更换的模块在安装时被高压打坏。

(2) 变频模块连接线束方法

无论何种型号，普通功率模块基本上都具有 7 个连接点 "P、N、U、V、W、10 芯连接排、11 芯连接排（部分品牌机型可能没有）"（功率模块带电源开关的没有），维修人员在更换模块前，请务必用纸笔记下不同线色对应名称的连接点，以便再次连接时可以一一对应而避免出现错误。

特别要注意的是，不同的模块 7 个连接点位置会有很大的差异，切不可只记连线位置。7 个点中："P" 用来连接直流电正极，在有些模块中也可能标识为 "+"；"N" 用来连接直流电负极，在有些模块中也可能标识为 "-"；"U、V、W" 为压缩机线，多数按照 "UVW-黑白红" 的顺序进行连接，但也有例外（如变频一拖二），建议按照外机原理图进行连接。

"10 芯连接排" 是模块的控制信号线，该线有正、反之分，已经通过端子的形状进行限定，安装时应确保插接牢固。

"11 芯连接排" 是模块驱动电源，有的机型可能没有，该线也分正、反，已经通过端子的形状进行限定，安装时应确保插接牢固。

安装变频模块时要注意，"P、N、U、V、W" 任意两条线连错，只需要一次开机上电就会造成无法预料的模块损坏。

(3) 更换变频模块注意事项

更换变频模块时，切不可将新模块接近有磁体，或用带静电的物体接触模块，特别是信号端子的插口，否则极易引起模块内部击穿。

使用没有风机电容的变频模块代换时，需外接一个 2.5μF 的风机启动电容，接线方法如图 4-14 所示。

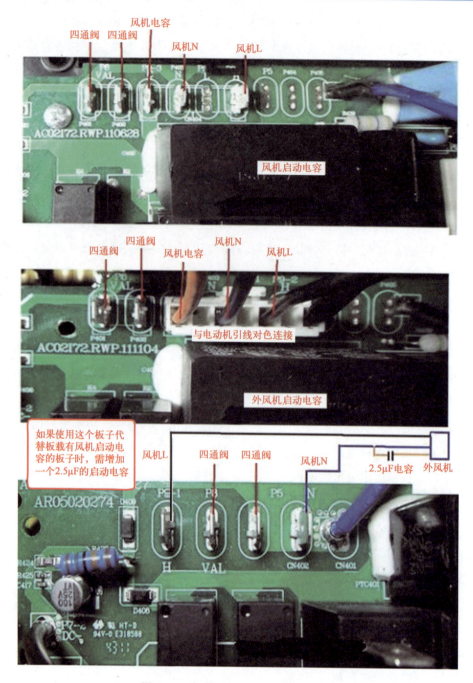

图 4-14 加装风机启动电容接线方法

> **提示**：全直流一级变频空调换板时，最好采用原厂板进行代换。这类空调一般只有室内和室外两块控制板，因为压缩机和风机均是直流变频，所以都没有启动和运行电容。原板直接代换可快速排除大部分电路故障。

第 5 章

互联网+APP 维修实战技巧

5.1 TCL 空调器上门维修实训

? 1. 机型现象：TCL KFR-26W/0233BP 变频空调开机后室内机运转正常但室外机不启动，随后显示 E0 代码

维修过程：E0 代码为室内、外机通信故障。检查室内、外机连接线正常，测室外机接线端子 L、N 电压为 220V，信号线有 30V 电压，但没有跳动，测室外机模块有 300V 供电，然后测模块上的整流桥、快恢复二极管等是否存在击穿短路现象。若没有损坏，则检测 DC+ 与 DC- 之间的直流电，如果有 300V 电压，则问题出在电源板；若 DC+ 与 DC- 之间无电压，则问题出在 PFC 板。本例故障为整流桥不良所致。如图 5-1 所示为室外机模块板。

故障处理：更换整流桥后故障排除。

提示：若更换后模块板故障依旧，则更换整套电控板。

? 2. 机型现象：TCL KFR-32GW 空调通电后有时能开机，有时不能开机且电源灯也不亮

维修过程：上门后首先检查线路均接触良好，再检测 220V 和 5V 供电也正常。通过分

图 5-1 室外机模块板

析,上电没有听到"嘀"的复位声音,怀疑 CPU(S3P9428XZZ-AV88)存在问题,测 CPU 的供电脚㉚脚电压为 5V,但测 CPU 的②、④脚电压仅为 1.26V 和 1.59V(正常值约为 2.4V、2.5V),经查为 4MHz 晶振不良。该机控制板(ZP-388PGM)如图 5-2 所示。

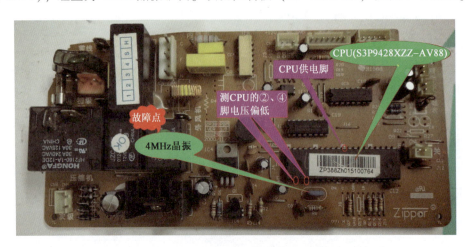

图 5-2 室内机控制板

故障处理:更换 4MHz 晶振后故障排除。

> **提示**:CPU 或单片机正常工作的条件是:正常的工作电压及接地;时钟振荡正常;复位(清零)电路正常。

❓ 3. 机型现象：TCL KFRD-26GW/CQ33BP 变频空调开机后显示代码 EA

维修过程：EA 代码为电流传感器故障。首先应检查系统是否缺冷媒，检查是否有冷媒泄漏，若冷媒正常，则检查四通阀换向是否正常。相关维修图如图 5-3 所示。

图 5-3　TCL KFRD-26GW/CQ33BP 变频空调维修图

故障处理：经查故障为四通阀线圈损坏所致，更换新的四通阀后故障排除。

❓ 4. 机型现象：TCL KFRD-35GW/DJ12BP 变频空调显示代码 EP

维修过程：该故障代码表示压缩机顶部温度开关故障。上门时首先检查室外电源板上压缩机顶部温度开关连接线接插部位 CN10 是否接插良好（无压缩机顶部开关机型检查是否有跳线短接），然后检查压缩机温度，如果温度确实很高并伴随异味，则检查压缩机连线 U、V、W 接线是否正确（包括连接压缩机接线部分），检查系统冷媒是否不足或过量，以及室外机通风是否良好。相关维修资料如图 5-4 所示。

图 5-4　检查 CN10 及压缩机连线

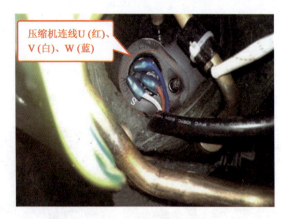

图 5-4 检查 CN10 及压缩机连线（续）

故障处理：如果压缩机温度不高，则短接 CN10，查看故障是否解除。如果故障解除，则为壳顶温度开关自身损坏，更换新器件；如果故障仍存在，则更换室外电源板。

❓ 5. 机型现象：TCL 王牌 KF-32GW/D020 型空调整机不工作，无电源输入

维修过程：根据故障现象可初步判断为电源故障，若检查插座有电源则需要拆板维修。首先室内机保险管和压敏电阻完好无损，判断为室内变压器损坏，导致控制板供电中断，使整机无法工作。该机室内变压器如图 5-5 所示，规格型号是 GBYQ-02/220V/50/60Hz/12V/500mA。

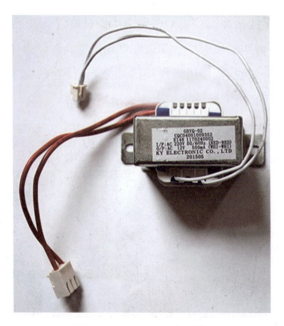

图 5-5 GBYQ-02 变压器

故障处理：更换室内机变压器后试机，故障排除。

> 提示：该机室内机变压器上的温度保险管损坏，也会出现类似故障，若是此类情况只需更换变压器上的温度保险管即可。

❓ 6. 机型现象：TCL 王牌 KFR-26GW 空调制冷 5min 后停机

维修过程：观察室外热交换器不脏，但外风扇不运转。测室外接线板的外风扇供电端②脚对 N 脚电压，无 220V AC，但测室内机接线板的②脚对 N 脚有 220V AC，经查室内机的外风扇控制线插件接触不良。相关资料如图 5-6 所示。

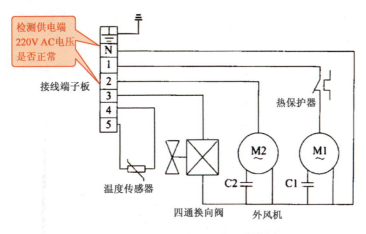

图 5-6　室内机接线板相关电路截图

故障处理：修复室内机的外风扇控制线插件，重新插好，故障排除。

❓ 7. 机型现象：TCL 王牌 KFR-60LW/EY 型空调无规律断电停机

维修过程：上门后开启空调试机，工作 30min 左右停机、显示消失，遥控操作和面板按键均不起作用。根据故障现象初步判断为控制板上的 CPU 及工作条件故障，需要拆板维修。检查 IC1（MS87C1404SK）CPU 的工作条件，包括⑤脚对㉒脚的 +5V 电源、⑲脚和⑳脚外接的晶体 X1、㉑脚外接的复位和时基脉冲产生器件，如图 5-7 所示，结果是 NE555 时基集成电路损坏。

故障处理：更换 NE555 时基集成电路后，故障排除。

> 提示：空调出现无规律断电停机是控制板工作不稳定的典型表现，应重点检查控制板上的 CPU 及工作条件。

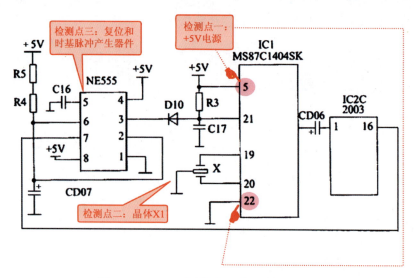

图 5-7 NE555 时基集成电路相关电路截图

❓ 8. 机型现象：TCL 王牌 KFRd-50LW/EY 型空调工作 5min 后运转灯闪烁，外机停转

维修过程：根据故障现象初步判断为系统或保护电路故障，需要拆板维修。上门拆机，发现该机先前被人修过。上电试机，在工作的 5min 内，制冷正常，测电流在停机瞬间也正常，系统压力也在 4.5MPa，未堵，且排除系统泄漏情况，此机处于保护状态，测外管温，阻值为 3kΩ，内管温阻值为 2kΩ，表明内、外管温异常。

故障处理：更换管温传感器并重新包扎绝缘后，测阻值为 10kΩ 左右，开机后工作 1 个多小时再无此现象出现，故障排除。

🕷 提示：更换新的管温传感器时，在接线时应注意使用防水胶布包扎，以免接线处进水后使阻值异常，同样也会导致整机检测保护故障。

5.2 长虹空调器上门维修实训

❓ 1. 机型现象：长虹 KFR-28GW/BP 变频空调开机室外机不工作

维修过程：上门后用遥控器操作确定为通信故障。接电开机，若测得 PC402 光耦接入端有跳变电压,而光耦输出端有 5V 电压不跳变,则说明光耦有可能已损坏。该机通信电路光耦 PC402 相关资料如图 5-8 所示。

图 5-8　光耦 PC402 相关资料

故障处理：采用 TLP521 光耦代换即可排除故障。

> **提示**：
> （1）采用"故障代码和自诊断功能"法维修结束后,务必按复位键,使之恢复到通常模式;
> （2）通过"故障代码和自诊断功能"法维修,维修结束后应拔下电源插头,然后再次插上,使电控的存储内容回到初始状态。但是,由于异常代码被存储于 EEPROM 中,因此即使切断电源也不会消失。

2. 机型现象：长虹 KFR-28GW/BQ 空调通电开机,室外机完全不工作,故障显示 04

维修过程：此故障代码表示通信故障。该机通信电路如图 5-9 所示,依次检查连接线是否正确、保险管是否完好、室内端子排插的②脚和③脚之间是否有串行返回信号、通信电路光耦 IC05 和 IC06 是否正常、电容 C50 是否失效。

故障处理：经查该机故障是因 C50 失效所致,去掉 C50 后开机,空调器工作正常。

3. 机型现象：长虹 KFR-35GW/ZHR（W2-H）+2 变频空调开机后压缩机能运转,但室外风机不转

维修过程：上门时,首先检查风扇没有卡住,再检查室外风扇接线端子无松动或接触

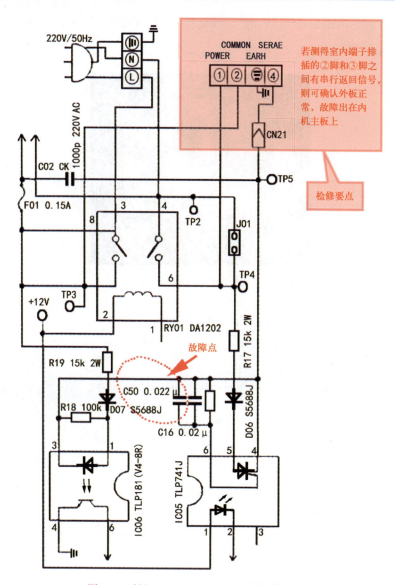

图 5-9　长虹 KFR-28GW/BQ 空调通信电路

不良现象，故判断故障在风机及其控制电路中（见图 5-10）。用万用表检测 XS436 的①脚电压约为 310V DC、④脚电压约为 15V DC，但⑤脚电压为 0V（正常时为 6.5V），经查为控制电路中 C480 漏电。

故障处理：更换电容 C480 后故障排除。

> **提示**：当判断故障是否出在风扇电动机和控制电路时，可短接光耦合器 D404 的③、④脚，风机能运转，说明风扇电动机正常，故障在控制电路；若风机不运转，应怀疑电动机内部驱动电路有问题，更换电动机。

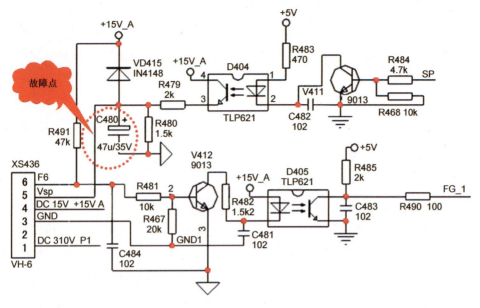

图 5-10 风机及其控制电路

4. 机型现象：长虹 KFR-35GW/ZHW（W1-H）+2 变频空调开机制冷时压缩机启动后又立即停机且外风机也停止，停机几分钟后压缩机与外风机又启动，如此循环

维修过程：上门时，首先查询没有故障代码显示，检测室内外温度、压缩机排气温度、内外盘管温度均无异常；然后检查压缩机接线盒上压缩机和模块的 U、V、W 三相相互未接错；再开机细听压缩机启动时未听到压缩机继电器的吸合声，且与压缩机继电器并联的 PTC 启动器外壳较烫，经查为压缩机继电器 K401 引脚虚焊。如图 5-11 所示为压缩机启动电路。

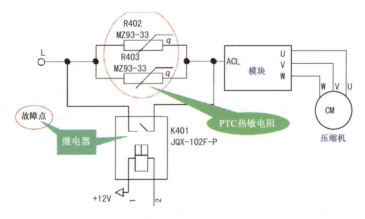

图 5-11 压缩机启动电路

故障处理：重新焊接压缩机继电器 K401 后故障排除。

> **提示**：压缩机继电器没有吸合，电流大时 PTC 保护启动（刚启动时，继电器处于断开状态，电流通过 R402、R403 两个 PTC 热敏电阻；当电流大于 PTC 的保护值时，PTC 会急剧发热而断开），从而引起停机。

❓ 5. 机型现象：长虹 KFR-35GW/ZHW（W1-H）+2 变频空调通电后室内机指示灯、显示屏均不亮，且用遥控器也不能开机

维修过程：室内机电源电路、微处理器电路有问题都会引起此故障。上门检修时，发现无 5V 电压，说明故障在室内机电源电路上。首先检查熔断器 F101 是否熔断，若 F101 熔断，但测 RV101 两端在路阻值正常，则检查 VD101～VD104 是否击穿；若 VD101～VD104 正常，则检查 C106 是否损坏；若 C106 正常，则检查 D102（VIPer 12A）及外围元件（VD110～VD113、C104、C113 等）是否有问题。本例检查为 C113 损坏所致。如图 5-12 所示为电源电路部分截图。

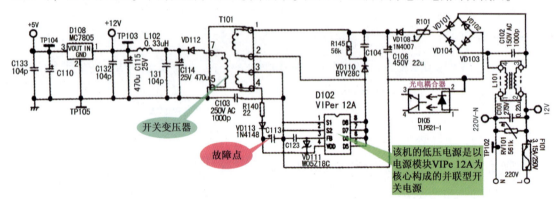

图 5-12 电源电路部分截图

故障处理：更换 C113 后故障排除。

> **提示**：该机的低压电源是以电源模块 VIPer 12A（D102）为核心构成的并联型开关电源。300V 电压通过开关变压器 T101 的初级绕组（1-2 绕组）加到 D102 的 ⑤～⑧ 脚，不仅为它内部的开关管供电，而且为内部的高压电流源对 ④ 脚外接的 C113 充电；当 C113 两端电压达到 14.5V 后，D102 内的稳压器开始输出电压，为振荡器、控制器等电路供电。另外，T101（3-4 绕组）输出的脉冲电压通过限流电阻 R140、整流管 VD113、滤波电容 C113 后产生的电压加到 D102 的 ④ 脚，取代启动电路为 D102 供电；T101（5-7 绕组）输出的脉冲电压通过整流管 VD112、C114、L102、C115、C132 滤波产生 12V 电压。

? 6. 机型现象：长虹 KFR-35GW/ZHW（W1-H）+2 变频空调通电开机后显示屏亮，但机器不能工作

维修过程：上门检修时，首先按空调应急开关看能否工作，若机器能工作，则检查遥控器的电池是否正常，遥控器电池正常再用正常的遥控器检查能否开机。换用正常的遥控器能开机，说明故障在遥控器上（可查遥控器的晶振、发射管等是否不良）；若换用正常的遥控器不能开机，则故障在室内机的遥控接收电路上。若按空调应急开关后仍不能开机，则检查存储器 D110 是否有问题；若 D110 正常，则检查 D101 内部是否损坏或其遥控信号输入端外接电阻器是否开路、外接电容器是否漏电等。本例故障为微处理器 D101 外接电容 C120 漏电所致。如图 5-13 所示为控制电路部分截图。

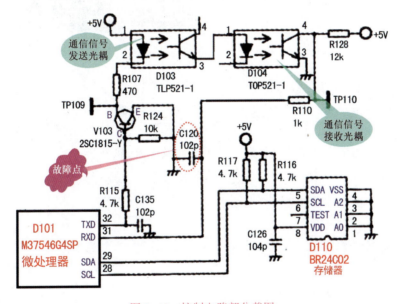

图 5-13　控制电路部分截图

故障处理：更换 C120 后故障排除。

> 提示：遥控接收电路输出的控制信号变成 CPU 能识别的信号传给 CPU，使 CPU 按人的指令控制各种部件的运转。

? 7. 机型现象：长虹 KFR-35GW/ZHW（W1-H）+2 变频空调制冷效果差

维修过程：上门检测后发现室温 30℃ 开机制冷，设定 16℃，15 分钟后电流仍只维持到 3.2A，进入测试状态查看频率无法升上去。检测各温度传感器阻值均正常，将机器置于定

频运行状态下检测压力、电流均正常,怀疑内板或外板传感器电路(见图5-14)阻容变质导致温度检查偏差。试更换外板后故障消失,说明故障在室外控制板上,经查为XS431所接的室外环境温度传感器阻抗信号/电压信号变换电路中的C431(4.7μF/16V)严重漏电,从而导致此故障。

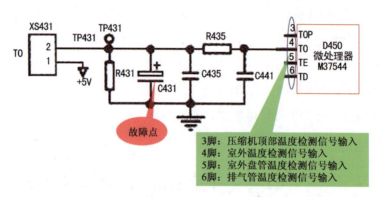

图5-14 传感器电路部分截图

故障处理:更换C431后故障排除。

> **提示**:由于电容C431漏电导致传输给CPU(室外机电路板由微处理器M37544为核心构成)的室外环境温度检测信号异常,被CPU识别后进入限频运行状态。空调制冷效果差、不升频故障一般发生在电源电路、温度传感器及其阻抗信号电路、电压信号变换电路、微处理器电路中。

8. 机型现象:长虹KFR-36GW/BMF交流变频空调除霜不干净

维修过程:根据维修经验,初步判断故障出在盘管温度传感器检测电路。重点检查传感器接插件接触是否不良或传感器性能是否不良。检修时首先目测接插件是否正常接触,是否有脱落的现象;然后测量其两端的阻值,并与当时温度下的正常阻值进行比较,判断是否失效。在不明具体阻值的情况下,可利用手头不同阻值的传感器进行代换,或用一个可调电阻接在该处,并调节可调电阻来大致判断其具体阻值。

故障处理:具体在内主控板CN16接口的①脚和④脚之间接上一个510kΩ的电阻,使室内机盘温升高。这样,在除霜时内盘传感器阻值变化不快,就不会进入防冻结保护,压缩机就会工作更长时间,使室外机的霜化掉。该机内主控板CN16接口相关电路截图如图5-15所示。

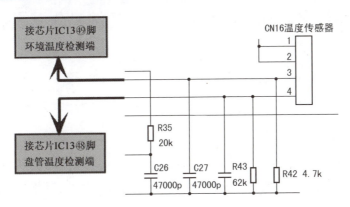

图 5-15 长虹 KFR-36GW/BMF 交流变频空调 CN16 接口电路截图

> **提示**：除霜为机器制冷运行，且内、外风机不运行，室内机结霜。该机故障是因除霜时压缩机工作时间太短，室内机盘管温度传感器检测到温度过低进入防冻结保护状态，造成压缩机停机。

9. 机型现象：长虹 KFR-40GW/BM 变频空调运行灯闪烁且不开机

维修过程：上门后按遥控器"传感器转换"键，该空调的指示灯"1、2"亮，"3"灯灭，查故障代码表，确定为室外 EEPROM 故障。用指针式万用表的直流电压挡测 IC11 EEPROM（S2913ADP）的③脚电压，看是否与主芯片有数据传输信号，经查无任何信号电压反应，说明故障出在 EEPROM。该机 EEPROM 相关电路截图如图 5-16 所示。

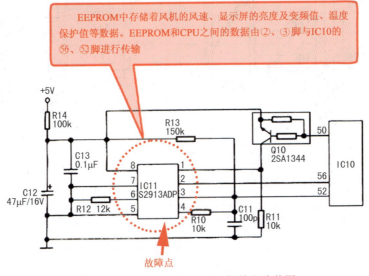

图 5-16 IC11（S2913ADP）相关电路截图

故障处理：由于本机 EEPROM 是插在插座上的，故障可能因插脚氧化所致。可取下插座，将 IC11 直接焊在电路板上。

10. 机型现象：长虹 KFR-50LW/Q1B 变频空调不制热

维修过程：当室内机进风口堵、室外机进出风口堵、缺氟、四通阀不吸合、压缩机有问题时均会引起不制热。上门检修时首先检查室内、外机进出风口都没有堵塞物，再清洗过滤网，故障依旧；然后用温度计测量室内机进出风口的温差值正常（效果好的空调温差值可达 15℃ 左右，温差过小则缺氟），用压力表检测空调运转压力也正常，说明机器未存在缺氟现象；再检查四通阀及其控制电路（见图 5-17），检查微处理电路 D450（M37544）、驱动芯片 D462（ULN2003AN）、继电器 K463 是否存在问题。该机故障为继电器 K463 损坏所致。

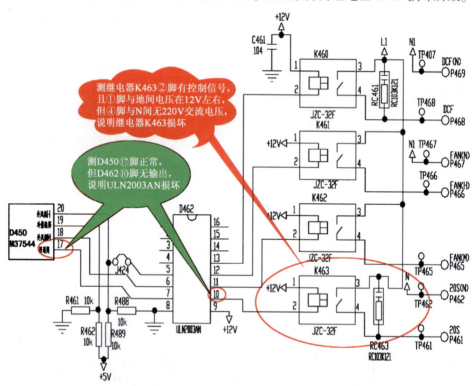

图 5-17　四通阀及其控制电路

故障处理：更换 K463 后故障排除。

提示：若测 D450 的⑰脚正常而 D462 的⑩脚无输出，说明 ULN2003AN 损坏；若测继电器 K463 的②脚有控制信号，且①脚与地间电压在 12V 左右，但④脚与 N 间无 220V 交流电压，说明继电器 K463 损坏。

11. 机型现象：长虹 KFR-50LW/Q1B 变频空调显示 F8 代码

维修过程：F8 代码表示室外主控板、模块板通信电路故障。首先检查室外机控制板无脏污，然后用数字万用表直接测量外机板两只光耦（D401、D402）没有存在短路现象（见图 5-18）；再用万用表测外板和通信串联的电阻直流电压无变化，则检查 R421（560）、R422（10k）、R423（22k）、R424（100）、R425（2k）、V421 等是否有问题。本例故障为电阻 R422 损坏所致。

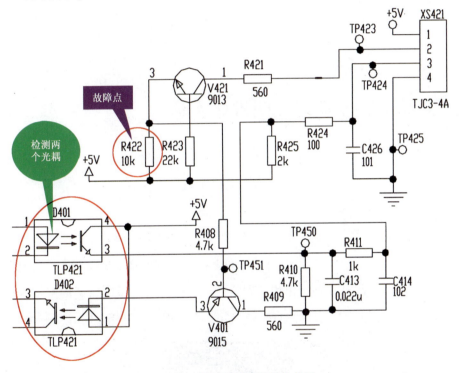

图 5-18 外机通信电路部分截图

故障处理：更换电阻 R422 后故障排除。

> 提示：通过测量内、外板 CPU 至光耦输入端有无电压变化，就可以判断室内、外接收或发送是否正常。检查重点是外板通信串联电阻，内、外板 CPU 至光耦输入端有无电压变化，光耦及相关的电阻等元件是否正常。

12. 机型现象：长虹 KFR-50LW/ZHR（W1-H）+2 变频空调开机制冷时显示代码 F6

维修过程：代码 F6 表示通信异常保护状态。上门时，首先检查室内、外机接线正常；

然后检查室内机是否向室外机供电,测量室外机上的接线端子①、②脚间电压输入为220V,②、③脚间电压为 0～24V DC,说明室内机给室外机的供电正常;再检测室外机XS437 上的5V、15V 电压正常,但检测室外机通信电路的光电耦合器 D401、D402 引脚电压时,发现 D401 的①、②脚间电压为 0V,经查为光电耦合器 D401 损坏。

故障处理:用同型号的光电耦合器更换 D401 后,故障排除。

> ★ **提示**:当室内机有正常的供电给室外机时,应检查室外机主控板保险管是否熔断,室外机主板上的电源灯是否点亮。如果电源灯不亮,则重点检查主控板开关电源或更换主控板;若电源灯亮,则重点检查通信电路部分。

5.3 格兰仕空调器上门维修实训

❓ 1. 机型现象:格兰仕 KFR-35GW/RDVdLD47-150(2)变频空调不能进行制冷与制热转换

维修过程:此类故障一般是因四通阀(见图 5-19)不能正常换向所致。检修时可查电磁线圈是否损坏,先导阀是否不起作用;四通阀内阀滑是否被系统内部的脏物卡住;四通阀内部间隙是否过大;先导阀内腔是否脏堵,导致先导阀不能工作;四通阀本身是否损坏。

图 5-19 四通阀

故障处理：该机故障因四通阀内阀滑被系统内部的脏物卡住所致，可用木棒敲打四通阀或用温开水向四通阀上浇水，在制冷、制热之间来回转换几次。若采用以上办法故障仍不能解决，则需要更换四通阀。

> 提示：在维修四通阀时一定要注意不要轻易更换，轻微卡死的现象可用简单的物理方法修复，尤其是使用不久的机器。判断四通阀的好坏一定要非常慎重，判断时首先看四通阀有没有转换，如有则四通阀肯定是好的，若没有转换则看有没有电送到四通阀，如有则肯定是四通阀本身的机械故障，若没有则一定是控制电路的故障。

2. 机型现象：格兰仕 KFR-35GW/RDVdLD47-150（2）变频空调通电后室内机正常，但室外机不工作

维修过程：首先检测室内机端子排处 L、N 有交流 220V 送出，测 N 和 S 间的电压在 5～40V 之间跳变，室内机输出正常，说明故障在室外机。用万用表检测外电路板上整流桥 BR1 电压输出正常，测压缩机三相绕组阻值正常，测变频 IPM 模块上 U、V、W 相互之间的 6 路电阻值正常，测模块 U、V、W 分别与 P 正极之间的电阻值时，发现 P 与 V 之间的阻值失常，经查为模块 V 相与 P 正极端击穿短路。如图 5-20 所示为室外机控制板。

故障处理：更换室外机电控盒即可。

> 提示：该机采用松下直流变频压缩机，压缩机型号为 5RS102ZBE21，制冷剂使用无氟 R410A 制冷剂。

3. 机型现象：格兰仕 KFR-25GW/A1-2 空调开机十多分钟后室内机出现漏水

维修过程：首先检查排水管流水是否流畅，若排水管正常，再检查室内机连接管接头是否有冷凝水；若有冷凝水，则检查连接管接头处是否包扎好；若包扎较好，则有可能是室内机底座背后的积水槽漏水。在实际检修中，漏水大多是因又窄又浅的积水槽出水口被污物挡住所致。按图 5-21 所示用软导线插入积水槽出水口清理，即可排除故障。

故障处理：将污物清理干净即可。

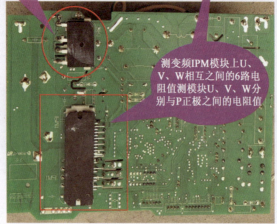

室外机电控盒

测整流桥电压输出

测变频IPM模块上U、V、W相互之间的6路电阻值 测模块U、V、W分别与P正极之间的电阻值

图 5-20　室外机控制板

积水槽出水口

图 5-21　用软导线插入积水槽出水口清理污物

> 提示：部分壁挂机有两个积水槽，一个是蒸发器下部的主积水槽，负责蒸发器正面冷凝水的导出，而蒸发器两侧铜管接头处的冷凝水是靠两个导水条经过两个小孔先流到背后的第二个积水槽，再流回第一个积水槽，最后从排水管排出。

4. 机型现象：格兰仕 KFR-35GW/RDVdLC15-150 变频空调室内机正常，室外机不启动

维修过程：室外机不启动的原因有：空调环境温度失常；温度传感器或检测电路异常；室外机电抗器接插件松动；室外机主板通信信号异常，室内机控制板输出控制部分损坏；压缩机的温度保护继电器跳开或损坏；变频功率管烧毁等。该机故障为室外机电抗器接插件松动所致。如图 5-22 所示为室外机电路板与电抗器。

故障处理：拔出电抗器接插件重新插紧即可。

图 5-22　室外机电路板与电抗器

> **提示**：室内机控制电路应重点检查微处理器部分的供电电路、复位电路，以及时钟晶振和 EEPROM 等部分；如果微处理器的供电电路、复位电路、时钟晶振和 EEPROM 等部分都正常，而空调器室内机不能正常工作，则故障出在微处理器（TMPM370FYAFG）本身，此时应使用同型号的微处理器进行更换。

5. 机型现象：格兰仕 KFR-51LW/dA2-3GB 空调不能开机

维修过程：上门开机观察，发现没有挡风板摇摆动作和蜂鸣声；断电后拆开室内机，用万用表检测保险管、变压器均正常；通电测显示板 IC1（7805）输入端电压约为 2.32V，输出电压为 0V，沿路检测发现控制板上 IC6（7812）输入端电压为 16.8V，输出端电压约为 2.32V；断开后级供电输出后电压仍约为 2.32V，故判断 IC6（7812）不良。如图 5-23 所示为控制板与显示板。

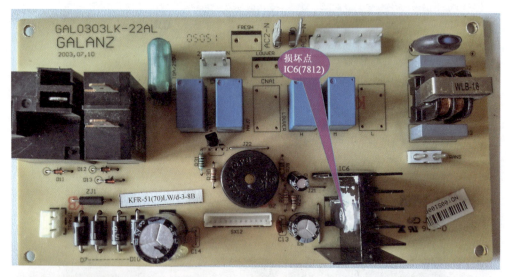

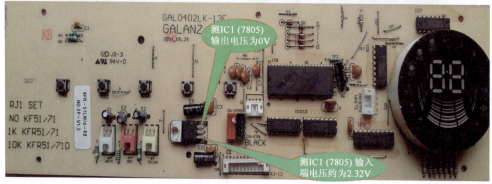

图 5-23　控制板与显示板

故障处理：更换 IC6（7812）后，12V、5V 电压恢复正常，故障排除。

> **提示**：挡风板卡住不能摇摆，其原因有：摆页变形或者步进电动机卡口松动，也可能因为脏污导致摩擦大。可将摆页拆下来重新安装试一下，看故障是否消失；若故障依旧，则可能是挡风电动机损坏，需更换。

6. 机型现象：格兰仕 KFR-72L/DLB12-330 柜式定频空调导风板无法摆动

维修过程：该型空调左右导风板由两个步进电动机带动，上下导风板由一个步进电动机带动。首先检查电动机插头与控制板插座接触良好；然后检查齿轮的配合情况，空载时用手慢慢地转动转轴，受力均匀，电动机不存在被卡住现象；再按动"风摆"按钮，测控制板步进电动机插座供电电压（正常时每相均在 +12V 左右），如果此时步进电动机有"嗒、嗒"声或无声音，则说明步进电动机可能损坏（检测步进电动机线圈方法：拔下电动机插头，用万用表欧姆挡测量电动机插头各引脚间的电阻值，若引脚之间电阻为无穷大说明该电动机线圈已开路，若阻值过小说明线圈已短路）。当排除步进电动机无问题后，可将电动机插头插到控制板上，分别测量电动机工作电压及电源线与各相之间的电压，若电源电压或相电压有异常，说明问题出在控制电路。

故障处理：该机为步进电动机损坏，换用与原型号相同的步进电动机。若要换用其他型号的步进电动机，则需注意步进电动机插头的公共端，应与控制板上步进电动机插座的公共端对应，如果不对应，则要对电动机插头跳线，即将公共端插到对应的插孔中。

> **提示**：该机控制电路如图 5-24 所示，当发出"风摆"指令时，单片机相应引脚周期性依次发出较低频率的高电平，通过反向驱动器 IC1 的 ⑬～⑯ 脚，驱动步进电动机快速打开或关闭，或较慢地上下摆动。

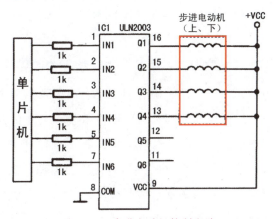

图 5-24 步进电动机控制电路

5.4 格力空调器上门维修实训

❓ 1. 机型现象：格力 KFR-26GW/K（26556）D1-N2（凉之夏）定频空调通电后蜂鸣器无嘀声、指示灯也不亮，整机不能开机

维修过程：检测内机板有 220V 电压输入，保险 FU101 也无损坏，此时断掉与内机板连接的所有负载（包含显示板、传感器、风机、导风电动机等），通电细听也无"嘀"的一声（或测无 5V 电压），说明问题出在内机板。通电，测电源变压器的输入端电压为交流 220V，输出端电压为交流 12V，但测滤波电容 C172（2200μF/25V）两端无 12V 直流电压；再用万用表（电阻挡）检测整流二极管 D171～D174（1N4007×4）、D176 及三端稳压块 V172（LM7805）等元件，发现二极管 D176（1N4007）在路内阻偏大。如图 5-25 所示为内机电路板。

故障处理：更换 D176 后故障排除。

> **提示**：该空调主板编号为 M518F3（30035562、300355624）。定频格力空调启动电压：187V，电压波动范围：198～242V；变频格力空调启动电压：156V，电压波动范围：176～264V，建议家庭安装稳压器。若内机板正常，则逐个插上与内机板连接的负载，当接到哪个负载不正常时，即为该负载故障。因故障负载造成内机板输出电压不正常，故引起机器通电无反应的故障。

❓ 2. 机型现象：格力 KF-35GW/（35392）NhAa-3 定频空调制冷效果差，出风口温度较高

维修过程：当空调内部太久没清洗、制冷剂不足、冷凝器出故障、匹数不足、通风管过长、热传递效率低、室外温度过高时都会引起制冷效果差。上门开机几十分钟后，检测房间温度仍降不下来，室内机出风口温度也偏高（正常值为 12～13℃），此时观察室外机二通截止阀结露，检测三通截止阀维修口低压侧运行压力偏低，故怀疑是冷媒（R32）不足所引起的。制冷运行时观察室外机的连接管是否结霜，结霜大多是制冷剂泄漏；在制冷运行时观察滴水管的滴水速度是否很慢或者根本就不滴水（若开机一个多小时后不滴水或

第 5 章　互联网+APP 维修实战技巧

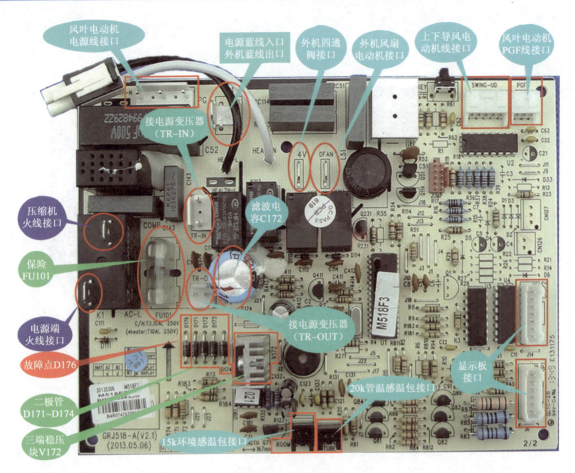

图 5-25　内机电路板

滴水较慢，大多是制冷剂泄漏）；还在制冷运行时用钳型表检查电流是否达到铭牌标注的额定电流，若达不到额定电流可能是制冷剂泄漏。

故障处理： 该机为室外机二通截止阀处喇叭口偏心并有毛刺（如图 5-26 所示），密封不严，导致制冷剂泄漏从而引起此故障。重新制作管子喇叭口，按照规程抽真空并进行真空试验后，打开二、三通截止阀门，开机，R32 冷媒气态补加至 0.9MPa 后，运行 20min，二、三通截止阀螺母结露，室内机出风温度为 11℃，机器制冷正常。

提示：

（1）当遇到变频空调的制冷剂不足时，应弄清空调制冷剂是否存在泄漏点，不能贸然补加，若在未查清泄漏点的情况下直接补加，会给用户带来使用隐患，尤其是使用 R32 冷媒的机器，在极限浓度情况下易出现燃爆问题；

（2）查清是否二通截止阀喇叭口处有泄漏，需要对机器内部的冷媒进行处理。格力空调型号中有"Nh"字样表示使用的制冷剂为R32。

图 5-26　二通截止阀处喇叭口偏心并有毛刺

3. 机型现象：格力 KF-50LW/K（50520L）A-N2 空调开机工作一段时间后室内、外机停止运转，并显示代码 E1

维修过程：代码 E1 表示压缩机高压保护，引起高压保护的原因有：①室外冷凝器脏；②管路系统堵塞；③环境温度过高；④外风机停转；⑤压缩机电流过大；⑥线路问题；⑦主板问题；⑧OVC 处二极管损坏。上门检修时首先检查外机冷凝器无脏污，外围环境温度也正常，过载保护线路也未见接触不良点；然后开机观察外风机能正常运转（冷凝器的散热风扇叶良好、测风扇电容正常、风机电动机的绕组正常），高压保护开关正常；再检查系统是否堵塞，用压力表在高压与低压处测量压力情况，高压阀测得压力为 6.5MPa，低压阀测得压力为 4.5MPa，同时用电流表检测空调的启动电流，由 11.5A 慢慢上升，升到 19A 左右时，室外机、室内机同时停机，室内机液晶显示板上显示故障代码为 E1，故判断是由电流增大所致。检查高压阀与低压阀的压力情况未见异常，怀疑制冷系统部分存在堵塞，逐个检查发现干燥过滤器处存在脏堵，使压缩机的负荷增大，压力升高后，高压的压力开关保护器断开进行保护，进而停机。

故障处理：更换过滤器前彻底清洗整个系统（如蒸发器、冷凝器等）。更换过滤器的步骤为：拔掉空调电源插头→将制冷系统的制冷剂排放干净→用割刀慢慢割断过滤器的进口处与出口处的连接管，拆下过滤器→用气焊把新的过滤器焊接好（在确认制冷系统没有压力及制冷剂完全排出的情况下进行）→对制冷系统进行抽真空，真空检漏后，确认没有漏点，充注制冷剂。

> **提示**：若一时没有新的干燥过滤器，可将拆下的干燥过滤器倒置，倒出装在里面的干燥剂，然后清洗干燥过滤器；过滤器内壁和滤网用汽油或四氯化碳清洗，并经干燥处理后使用。

4. 机型现象：格力 KF-72LW/(72333) NhAa-3 定频空调按开关机键后整机无显示

维修过程：当电源开关有问题、电源变压器烧坏、室内机控制板上的保险与压敏电阻（ZNR）及滤波电容烧坏、室内机控制板上的稳压元件（7812、7805）损坏、操作板有问题（如接线松动或按键损坏）、微处理器损坏时都会引起此故障，可检查熔丝、电源开关、电源变压器、电源回路中的压敏电阻、滤波电容等是否损坏。

故障处理：该机检查为变压器损坏（检测变压器的初级有 AC 220V 电压、次级没有 AC 12～14V 电压输出，说明变压器已烧坏），更换变压器后故障即可排除。

> **提示**：若有电源指示，而无温度和功能显示，操作遥控器或面板功能键时无反应，则是遥控器或控制板有故障，应着重检查微处理器（主控 CPU）的 +5V 供电、时钟信号、复位信号及继电器控制集成电路是否损坏。该机室内机由交流市电 220V 供给，220V 经过压敏电阻和熔丝再到变压器初级变压后，次级为 AC 12～14V 输出供给室内控制板使用。

5. 机型现象：格力 KF-72LW/(72333) NhAa-3 定频空调制冷十多分钟后停机并显示代码 E1

维修过程：出现此故障首先检查氟利昂是否过多引起高压保护器动作，空调制冷时用压力表测量低压压力过高，为 0.75MPa（正常为 0.5～0.6MPa），停机后平衡压力为 0.9MPa，说明系统里氟利昂合适；然后检查室外风机、启动电容是否失常及室外机通风是否不良引起保护器动作；最后检查室内机控制板输送信号给室外机相序电流保护电路板是否正常。

故障处理：该机因室外机冷凝器积尘过多、太脏导致空调过热保护从而显示 E1 告警。

清洗干净空调室外机冷凝器，试机故障排除。

> ★ 提示：E1 代码为压缩机电流过大保护、压缩机过热保护、室外机排气温度过高保护、室外机相序电流保护电路板损坏。

❓ 6. 机型现象：格力 KFR-23GW/K（23556）B3-N3（绿嘉园）定频空调无法遥控开机

维修过程： 到达现场试机用遥控器不能开机，但强制能开机，可初步判断为遥控接收器故障，需要拆板维修。拆开液晶面板和遥控接收板，将万用表置直流 10V 挡，空调通电情况下用万用表黑表笔接遥控接收头 GND 脚，红表笔接 SIN 脚，用遥控器开机，表针不动（正常应在 4.5V 间摆动），说明接收头损坏。相关维修现场如图 5-27 所示。

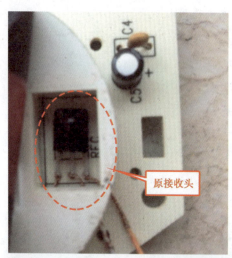

图 5-27　检修遥控器

故障处理：更换接收器故障排除。

> 提示：更换接收器时要注意分清+5V和接地脚。

7. 机型现象：格力 KFR-26GW/K（26556）C2-N5（乡之韵）定频空调开机约 1min 后红灯亮闪 11 次，自动保护关机

维修过程：根据维修经验，初步判断故障在室内机，应重点检查温度传感器和风机霍尔检测电路是否正常。上门维修时先测温度传感器正常，再测室内风机霍尔元件信号输出端电压偏低，焊下与之相接的 C62（103）电容检测，发现已漏电短路，如图 5-28 所示。

图 5-28　电容 C62 在电路板中的位置

故障处理：采用同规格的 103 瓷片电容代换后，故障排除。

> 提示：C62 电容在本机电路中与地相连，击穿后造成短路导致机器自动停机保护。

8. 机型现象：格力 KFR-26W/FNC07-3（凉之静）变频空调制热时外机风扇启动，压缩机启动几秒后停止，室内机报 H5 代码

维修过程：H5 代码表示模块保护。检查蒸发器、冷凝器有无污渍、脏污情况，室外侧散热通风是否良好，模块与散热片之间的散热膏涂抹得是否均匀等；检查连接管、阀门在安装过程中有无弯曲、压扁、变形的情况；拔掉压缩机连接线，外机黄色指示灯闪烁 4 次报过流保护，压缩机简单测量不对地漏电，三相（U、V、W）阻值太小不好判断，都在 1Ω 内，此时去掉电流检测部分的三只二极管（D601、D602、D603）故障依旧；测量外机板 5V、3.3V、15V 都正常，测量桥式整流 300V 过 PFC 后没有明显的电压提升（仅为 310V），经查为模块损坏，如图 5-29 所示。

图 5-29 外机板部分截图

故障处理：更换模块后，测量三相电流电压正常、PFC 350V 正常。

> **提示**：判断是主板故障或散热不良时，可以用排除法试一下。断开压缩机开机观察 U、V、W 输出交流电压是否平衡，运转一会儿后看看还会不会显示，若显示应该是主板故障，不显示则应该是室外机散热不良。确定故障是电控还是系统问题，可以断开各种负载，用排除法来确定故障点。格力室外机 KFR-26W/FNC07-3 对应的室内机为 KFR-26GW/(26556) FNDc-3。

? 9. 机型现象：格力 KFR-32GW（32570）FNBa-3 型 Q 迪变频空调开机显示代码 E6，外板绿灯常亮，其他灯不亮，4～5min 后外机又自动正常启动，有时关机一段时间后再开机外机主板等三灯正常闪烁

维修过程：上门检查室内机到室外机之间的 4 芯电线是否通路，4 芯之间是否有漏电现象；排除连接线问题后，说明问题出在室内、外机控制板。上电试机，无继电器"嗒"的吸合声，可初步判断为整流滤波和开关电源两部分存在故障，需要拆板维修。测 330V 滤波大电容电压正常，但开关电源无电压输出；再检查大电容经灯泡放电后，数字万用表二极管挡测量开关电源后级输出有无短路，测量 5V、12V、15V 三组输出，其中 15V 有短路，拆下整流二极管 D124 测量正常，沿 15V 线路走向，拆下模块 15V 供电脚后依旧短路，当焊下稳压管 D205（24V/1W）后无短路故障，检测 D205 已击穿，如图 5-30 所示。

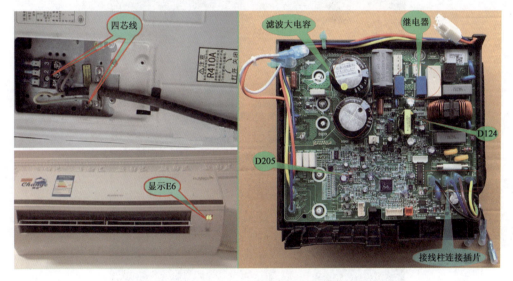

图 5-30　相关实物图

故障处理：装上新的稳压管 D205 后，上电测量 15V 电压为 14.8V，基本正常。焊接好模块供电脚后，上电试机正常。

> **提示**：一般遇到这种问题可以先从代码判断问题所在。出现代码 E6 大多是因为室内机与室外机通信故障，"关机一段时间后再开机外机主板等三灯正常闪烁"更加说明了是因为通信故障导致了空调不制冷，只要排查清楚恢复通信就可以正常使用了。整流二极管 D205 的作用是保护 15V 供电防止高压涌入，从而保护 IPM 模块。

10. 机型现象：格力 KFR-32GW/K（32538）-N2（睡梦宝）变频空调开机几秒就显示 Ld，不制热，外机不工作

维修过程：上门检查，外机不工作，但是导风板可以打开，遥控正常，显示代码 Ld。经查故障代码 Ld 表示缺相，但用户明显为单相挂机，却显示了三相电空调的代码。怀疑为空外机电控盒和压缩机异常所致。拆开室外机，用万用表测量压缩机 U、V、W 三相供电线电阻，只有一相是通的，其他均不通。拆开压缩机桩头盖，发现压缩机桩头座由于长期发热已烧毁，如图 5-31 所示。

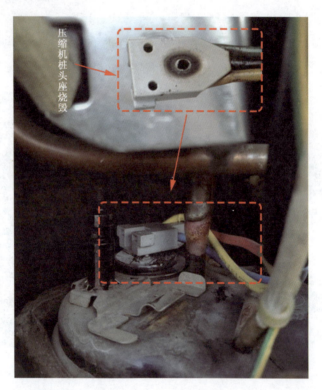

图 5-31 压缩机桩头座

故障处理：更换相同的一根新的连接线后，故障排除。

提示：变频压缩机一般是三相供电，该例故障是因压缩机桩头座发热烧毁导致压缩机只有一相和电器盒功率模块相通，故而电器盒检测缺相，给室内机主板一个信号，室内机停止信号输出，并显示故障代码 Ld。缺相时因接线柱或绕组烧坏有可能造成电线搭铁或绕组短路，引起外壳带电，检修时一定要注意先用试电笔检测外壳是否带电。

11. 机型现象：格力 KFR-32W/FNC03-2 变频空调室外风机能开机工作，指示灯亮但不制热，也无故障代码显示

维修过程：由于该机指示灯亮能开机故排除 CPU 有问题的可能，初步判断为模块或传感器故障，需要拆板维修。检测模块上有 300V 电压、模块驱动电压正常；检测传感器电压时，发现有一个电压为 0.9V 左右不正常（正常应为 3.3V），把三个传感器都拔掉测量端子电压两个为 3.3V，一个为 1V 左右不正常，顺着不正常的一组线路测量，发现对地分压的贴片电阻 R801 阻值不正常，如图 5-32 所示。

图 5-32　贴片电阻 R801 在主板中的位置

故障处理：采用 10kΩ 色环电阻代换 R801 后试机，故障排除。

> 提示：格力室外机 KFR-32W/FNC03-2 对应的室内机为 KFR-32GW/(32561)FNAa-2。

12. 机型现象：格力 KFR-35GW/(35592) FNhDa-A3 壁挂式变频空调制冷效果差

维修过程：上门询问用户得知是之前维修人员修复过管路，补加过冷媒。开机观察，发现该机室内机出风温度高，室外机噪声、震动较大。停机后，在三通截止阀维修口接上压力表，开机运行测量低压侧压力正常（R32 制冷剂的空调机运转时，正常低压压力约为

0.8～1.0MPa、高压压力约为2.5～2.7MPa）；再检测电流发现在高频运转频段电流值为7.3A偏大（正常值为5A左右），手摸二、三通截止阀凉，但是结露很少。故判断故障可能是：管路存在焊堵，冷媒泄漏或系统抽真空不够彻底，加注的冷媒（新冷媒R32）质量差等。

故障处理：该机是因抽真空不彻底所致，故停机泄放冷媒；将压力表充注软管连接于低压阀充注口（高、低压阀此时都要关紧），将充注软管接头与真空泵连接，打开低压手柄，开动真空泵抽真空；抽真空约15min后（确定压力表指针指在-0.1MPa处，如图5-33所示），关紧低压手柄，关闭真空泵；最后给机子定量充注铭牌规定的冷媒量，制冷恢复正常。

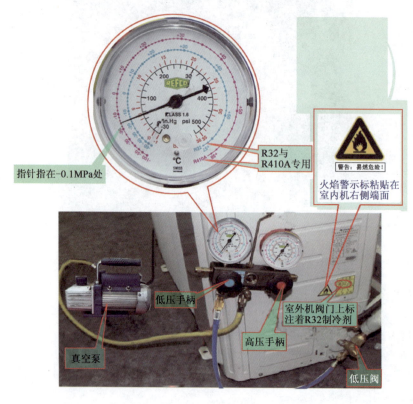

图5-33　抽真空图

提示：R32是易爆炸性制冷剂，在泄放冷媒时，应确保周围无火源和可燃物，加注时最好关闭空调加注（这一点与其他制冷剂不同，要特别引起注意）；安装、维修R32冷媒的空调必须严格执行抽真空时间、保压时间和保压标准；严禁使用劣质冷媒及其他可燃性气体取代R32工质。

13. 机型现象：格力 KFR-35W/FNC03-2（U雅）变频空调开机后显示 E6，整机无法启动

维修过程：E6 代码表示通信故障。检查室内、外机电源连接线及用户电源电压无问题，用变频检测仪测试时提示室外机通信故障，但更换室内机主板和室外机电器盒后故障依旧，怀疑室外机负载不正常，此时用万用表对室外机的各个负载逐一测量，压缩机、四通阀、外风机、过载开关、各个感温包等阻值都正常；当检测电子膨胀阀时发现阻值异常，怀疑电子膨胀阀线圈有问题，拔下电子膨胀阀线圈连接线 E6 代码消失。

故障处理：更换新的膨胀阀后，故障排除。电子膨胀阀很有可能是由于管路的冷凝水渗入，导致生锈短路，可在铜管处简单包扎做防水处理（如图 5-34 所示）。

图 5-34 电子膨胀阀防水处理

> **提示**：格力室外机 KFR-35W/FNC03-2 对应的室内机为 KFR-35GW/(35561)FNCa-2。E6 代码主要表示电路电气方面的问题和环境因素的问题，与系统并无多大关系，且一开机就出现 E6 代码，系统本身还没有运行，因此系统方面基本可以排除有故障。

14. 机型现象：格力 KFR-35W/FNC15-3（凉之静）空调开机后显示 E6，外机板上三个指示灯只有红灯闪烁

维修过程：E6 代码表示通信故障。出现通信故障时，应首先判断故障是在外机板还是

内机板，此时可用万用表（置于直流电压挡）测量 C503 两端的电压是否正常，若电压在 0～3.3V 之间，说明室内机已发送信号，此时可直接更换外机板。还可测室外机接线板上中间的通信线（2）对零线（N1）之间的电压是否正常（室内机能发送出信号时电压在 0～20V 之间跳动）；若电压无变化，则说明室内机无信号发送或通信线断路；若电压有变化，则说明室内机已发送信号，因此判断室外机主板通信故障。

　　拆开外机壳，本着先易后难的原则，不测电压，用数字万用表直接测量外机板两只光耦（U131、U132）没有存在短路现象，再检测主 IC 到光耦这部分，发现输出三极管光耦的输出三极管 Q132 无波动电压，在路测量三极管阻值正常，继续沿路检查发现三极管基极与 IC 连接的 R1315（102）变值，如图 5-35 所示。

图 5-35　空调室外机电路板

故障处理：更换 R1315 后故障排除。

> **提示**：为节约维修时间可不用万用表测试通信跳变电压，直接用格力空调故障检测仪判断是外机故障还是内机故障，仪器会快速显示故障板。也可利用一可正常工作的柜机室内板，替换原出现故障的柜机室内板，若空调仍出现故障，则判定为空调室内机主板存在故障；若空调故障消失，则说明为空调内机板故障。格力室外机 KFR-35W/FNC15-3 对应的室内机为 KFR-35GW/(35556) FNDe-3。

15. 机型现象：格力 KFR-50LW/(50566) Aa-3（悦风）定频空调制热效果差

维修过程：当室外温度太低、毛细管有问题、四通阀漏气、过滤网太脏、制冷剂缺少、电辅热损坏时都会引起制热效果差。上门检查过滤网无脏污及室外温度也合适，怀疑是制冷剂缺少，将钳形电流表搭在室内机电气接线盒内给压缩机供电的导线上（棕色），测出压缩机工作电流为 4.47A；再关机并断开空调电源，拧下粗管（即低压管）三通阀盖帽，接上压力表，观察静态系统压力远小于 0.5MPa，表明系统存在缺氟现象，此时向系统中加注冷媒，使静态压力达 0.6MPa，以便查漏。检查室外机是否存在泄漏点（用水将毛巾淋湿，以不向下滴水为宜，倒上洗洁精，轻揉至大量泡沫，涂在需要检查的部位，观察是否向外冒泡，冒泡说明检查部位有漏氟故障，没有冒泡说明检查部位正常），拆开室外机外壳观察热交换器 U 形弯管接头无漏点痕迹，再查看大小阀门、压缩机吸排气口、气液分离器、四通阀、毛细管等是否有漏点。

故障处理：该机制热额定功率为 1620W，压缩机工作电流为 8A 左右。该机检查发现主、副毛细管随机身振动相互摩擦，停机查看摩擦处两边的毛细管已磨出凹槽，且凹槽中有沙眼，用焊料封堵漏眼，然后抽真空、加氟，故障排除。

16. 机型现象：格力 KFR-72LW/(72553) FNAd-3（蓝海湾系列）变频空调显示 H5，且指示灯灭 3s 闪烁 5 次

维修过程：压缩机故障（如压缩机接线错误及存在杂质、卡缸、缺油、三端引线开路等）、管路系统堵塞、外机控制器有故障（如压缩机相电流采样电路故障）、IPM 模块故障（IPM 的主回路端 P、N、U、V、W 等两两之间短路）、外机控制器模块驱动信号受到电磁干扰等，都会造成模块保护。

上门时首先用交流电压表测接线板 XT 的 L、N 之间电压是否在正常范围内、压缩机接线是否错误；然后观察室外机冷凝器是否脏堵及是否存在冷媒泄漏或者过多的可能；最后排查室外机控制器部分。断开压缩机连接线，用万用表二极管挡检测功率部分，测 IPM 的主回路端的值有一个值不满足 0.3～0.8V 要求，说明 IPM 模块已损坏。该故障的电压检测点如图 5-36 所示。

黑表笔搭接在IPM模块P端（该端连着高压电解电容的正极），红表笔接触IPM模块输出到压缩机的三相引脚，若万用表显示值在0.3~0.8V之间，则该部分正常

将万用表红表笔搭接在IPM模块的输出到压缩机的三相引脚（该三个端连到压缩机的三相），黑表笔接触IPM模块的N端（该端连着高压电解电容的负极），若万用表显示值在0.3~0.8V之间，则该部分正常

图 5-36　格力（蓝海湾）变频空调外机板（主板 W8533）

故障处理：更换同型号 IPM 模块后，故障排除。

> **提示**：显示 H5、指示灯灭 3s 闪烁 5 次，此代码与指示灯显示故障为 IPM 保护。模块保护时，先断开压缩机再开机，如仍然出现模块保护说明室外机控制器故障；如压缩机运行一段时间出现故障说明系统负荷高、电流大。功率模块输入的直流电压（P、N之间）一般为 260～310V，输出的交流电压一般不应高于 220V。如果功率模块的输入端无 310V 直流电压，则表明该机的整流滤波电路有问题，而与功率模块无关；如果有 310V 直流电压输入，而 U、V、W 三相间无低于 220V 均等的交流电压输出或 U、V、W 三相输出的电压不均等，则可初步判断为功率模块有故障。

5.5 海尔空调器上门维修实训

❓ 1. 机型现象：海尔 KFR-25GW×2/BP 变频空调通电开机，空调工作几分钟后室内机电源灯灭、定时灯灭、运转灯闪烁。

维修过程：电源灯灭、定时灯灭、运转灯闪烁的故障信号表示高频干扰和通信回路不良。首先检查用户电源及用户附近是否存在干扰源（如发电机、无线电等设备），然后检查室内机与室外机连线是否牢固及接线端子电压是否正常；再检测变频模块是否有 310V 直流电压输入及三相（U、V、W）输出电压是否正常。本例检测变频模块有 310V 电压输入，但测三相输出电压不相等，经查为变频模块不良。变频模块相关电路及实物截图如图 5-37 所示。

故障处理：更换模块后，试机运行正常。

> **提示**：在维修空调时故障代码只是一种参考，维修过程中主要是根据故障现象结合机器的工作原理进行分析，才能准确地解决问题，若过分依赖故障代码会使维修思路变得越来越窄。

❓ 2. 机型现象：海尔 KFR-33GW/06TBA13T 定频空调开机后压缩机工作但风机不转，有制冷剂流动声音，过会儿压缩机热保护。

维修过程：首先检查室外风扇是否被异物卡住，然后检测内机板到室外机的风机电源输出及交流电动机输入电压是否正确（AC 220V），再检查风机电容与外电动机引线是否连接良好、控制板外电动机继电器是否吸合，最后检查室外电动机或电容本身是否损坏。本机将外风机的火线直接接到压缩机的电源上，风机也不转，此时万用表检测电容容量已失效。室外机线路如图 5-38 所示。

故障处理：更换电容器后，故障排除。

> **提示**：维修空调时切忌在情况不清、故障不明、心中无数时就盲目行动，随意拆卸。这样做的后果往往会使已有的故障扩大化，增加运行成本，缩短设备的正常使用寿命，导致设备提前报废。

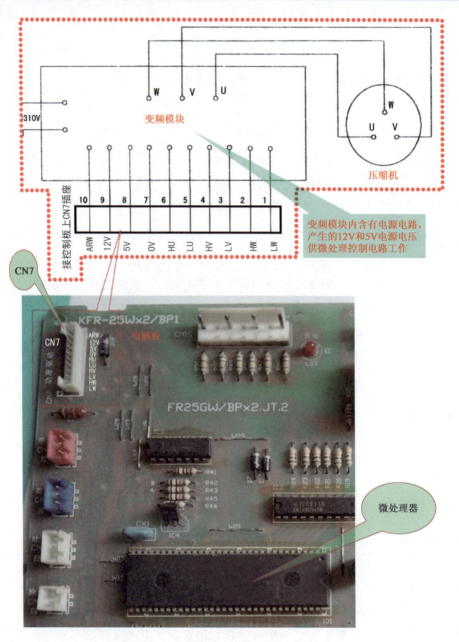

图 5-37　变频模块相关电路及实物截图

3. 机型现象：海尔 KFR-33GW/06TBA13T 定频空调室内导风板不能工作

维修过程：不摆风主要检查驱动导风板的步进电动机以及驱动控制电路元件，可检查以下几项：①用手摸步进电动机端盖有动作或发热抖动，则检查导风板是否被卡住或步进电动机轴与摆叶是否脱落；②检查步进电动机接插件是否正确连接到控制板对应位上；

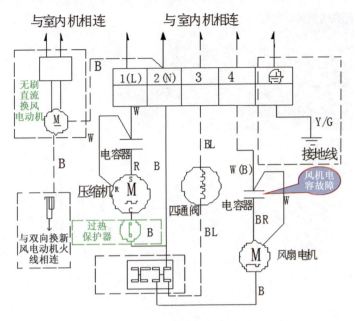

图 5-38 室外机线路图

③测控制板上连接器输出端与步进电动机输入电压有正常 DC 12V，则检查步进电动机引线是否有问题、步进电动机本身是否损坏；④测控制板上连接器输出端 DC 12V 电压失常，则检查室内控制板。本例为步进电动机有问题所致。

故障处理：更换步进电动机故障即可排除。在更换步进电动机时，最好换用与原型号相同的步进电动机。若要换用其他型号的步进电动机，则需注意步进电动机插头的公共端（电源）应与控制板上步进电动机插座的公共端对应，如果不对应，需对电动机插头跳线，即将公共端插到对应的插孔中。

> **提示**：挂机的导风电动机叫步进电动机（如图 5-39 所示），一般有 5 根引线。5 根引线的功能如下：电源线一般是红色的，其他均为控制相线（是控制方向的步进线）。在颜色不清楚的情况下，测某根线到其他 4 根线的电阻相同，则这根线就是电源线。新型变频空调大多采用多个步进电动机，如采用 4 个步进电动机的分别控制上下出风、左出风、右出风、左右出风。

4. 机型现象：海尔 KFR-35GW/13AXA21ATU1 自清洁变频空调不制热

维修过程：出现此故障，一般检查以下几项：①遥控器的设定温度是否低于室内温度（面板显示温度）；②整机是否在除霜过程中；③变频空调空气过滤器是否积尘太多，室内、外机通风口是否被异物堵塞；④压缩机是否启动或是否缺气；⑤外风机是否长时间不工作；

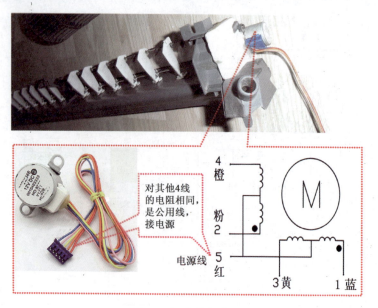

图 5-39 步进电动机

⑥四通阀是否未换向；⑦管路是否堵塞。本例为空气过滤器积尘太多所致。

故障处理：关机并切断电源，打开进风栅，轻轻向上推，过滤网中心突起，然后向下拉即可取下过滤网（如图 5-40 所示）；之后用除污剂清洗，再用清水冲干净，晾干后重新安装即可。

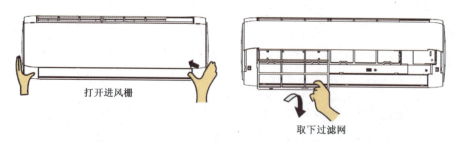

图 5-40 取下过滤网

提示：清洗过滤网时请将除甲醛模块取下，除甲醛模块禁止用水清洗，可先用软毛刷清洁表面灰尘再用吹风机吹净。

5. 机型现象：海尔 KFR-35GW/13AXA21ATU1 自清洁变频空调通电后无任何反应，手动和遥控开机无效

维修过程：出现此故障，一般检查以下几项：①用户家电源插头接触是否良好；②室

内机 AC 220V 输入电压及交流电源线的连接是否存在问题；③室内主板上的熔丝（3.15A/250V）是否完好（如查出熔丝熔断，需查明原因，可观察控制板上 220V 输入电路中的压敏电阻、消干扰电容、扼流线圈有无外在损坏表现）；④电源变压器 T1 是否有问题（变压器初级开路的表现是，初级有 220V AC，次级无交流电压输出）；⑤测主板上 7805（IC6）输入电压（DC 12V）与输出电压（DC 5V）是否正常；⑥控制板芯片是否存在问题。

故障处理： 该机为新机，上门维修时一般建议直接更换新的控制板，原因是：其一，控制板具体哪部分有问题，查找需要专业能力且比较耗时；其二，维修过的板件可靠性会降低；其三，如果是主控制芯片损坏，里面涉及的程序是无法修的，因为没有源程序，需要专业设备，而且一般来说不可修或者说不如换个新的。该机室内机控制板型号为 0011800461，如图 5-41 所示。

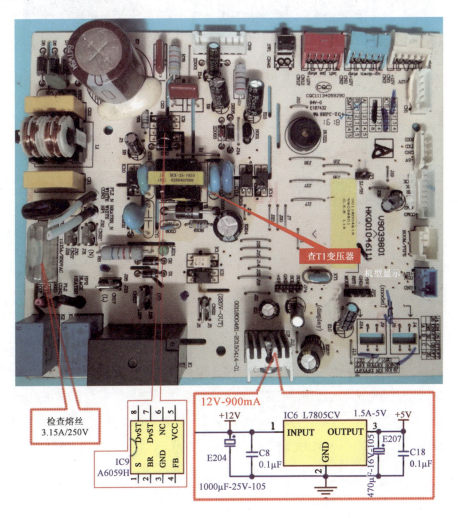

图 5-41 室内机控制板

> 提示：更换的新控制板按照原机控制板跳线选择保持一致，否则会出现显示异常并不能正常开机。若原机控制板丢失，则按照图5-42所示，根据机型以及显示板专用号，对跳线做选择处理。

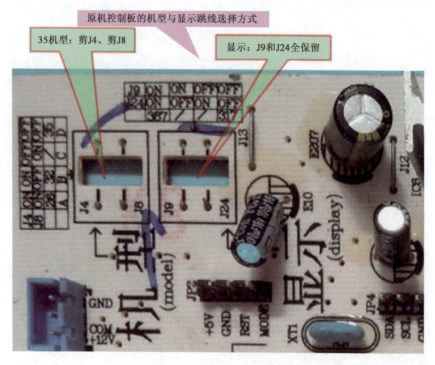

图 5-42　控制板跳线选择示意图

6. 机型现象：海尔 KFR-35GW/13AXA21ATU1 自清洁变频空调压缩机不工作

维修过程：出现此故障，一般检查以下几项：①检查接线是否有问题［压缩机是否正确按接线图指示连接到模块板上的U（黑）、V（白）、W（红），压缩机端的接线顺序是否正确］；②测压缩机两相之间线圈的电阻值是否正常；③检查压缩机负荷是否过大；④检查室外主板是否有故障代码。该机为安装不当的缘故，导致系统内漏造成制冷剂不足。

故障处理：为空调补充 R410A 制冷剂。

> 提示：该机室外机故障代码如表5-1所示。

表 5-1　室外机故障代码表

故障代码	故障原因	室外传室内（故障显示为液晶显示板）	备注
00001	EEPROM 故障	F12	外机灯闪 1 次
00010	IPM 保护	F1	外机灯闪 2 次
00011	AC 电流过流保护	F22	外机灯闪 3 次
00100	CBD 与模块通信故障	F3	外机灯闪 4 次
00101	压缩机过温\压力过高保护	F20	外机灯闪 5 次
00110	电源过压/欠压保护	F19	外机灯闪 6 次
10111	压缩机堵转/压缩机瞬停	F27	无
01000	吐出温度保护	F4	外机灯闪 8 次
01001	外风机异常保护	F8	外机灯闪 9 次
01010	室外除霜电阻异常	F21	外机灯闪 10 次
01011	室外吸气电阻异常	F7	外机灯闪 11 次
01100	室外环境电阻异常	F6	外机灯闪 12 次
01101	室外吐气电阻异常	F25	外机灯闪 13 次
01110	压缩机吸气过高	F30	外机灯闪 14 次
01111	内机、外机通信异常	E7	外机灯闪 15 次
10000	压缩机振动过大	F31	外机灯闪 16 次
10001	压缩机启动异常	F11	外机灯闪 17 次
10010	压缩机运行失步、压缩机脱离位置	F11	外机灯闪 18 次
10011	位置检测回路故障	F28	外机灯闪 19 次
10100	压缩机损坏	F29	外机灯闪 20 次
10101	室内过负荷停机	E9	外机灯闪 21 次
11000	压缩机电流过流	无	外机灯闪 24 次
11001	室外板电流过流保护	无	外机灯闪 25 次
11010	模块复位	无	外机灯闪 26 次

7. 机型现象：海尔 KFR-48LW/A（BPF）变频柜式空调防冷风功能失效

维修过程：上门检修时，观察空调运转情况，发现当制热除霜时，室内风机停止工作进入冷风防止状态，几分钟后压缩机与室外风机运行，但此时室内风机运转、防冷风功能失效。首先检查变频空调器的遥控设定情况，当遥控器设定正常时，再检测室内机盘管温度传感器阻值是否良好及室内机盘管传感器是否脱落，排除后再检查过零检测电路是否有问题，以上检查均正常，再检查室内机控制板除霜电路是否良好，必要时采用更换室内机控制板的方法排除故障。

故障处理：该机为使用的传感器质量有问题，检测时其电阻值正常，但在实际运行时温度对其影响使其阻值变小直至短路。更换一只质量好的室内盘管传感器后故障排除。

> **提示**：该变频空调制热系统具有防冷风的功能，在制热开启时，机体内部空气自动预热后才开始送风（内风机先不工作，等室外机工作一定时间，室内机的盘管全部暖和透了，室内机才开始吹风），防止用户吹到冷风，以防感冒。同时，通过空调内的微电脑控制器，自动根据当前环境条件，智能调控至合适的运行模式，防止变频空调的压缩机启动后吹出冷风，以达到舒适制热的效果。

❓ 8. 机型现象：海尔 KFR-56LW/01S（R2DBPQXF）-S1 变频空调开机运行，外机运转但不制热

维修过程：不制热的原因有：压缩机无输出、四通换向阀未上电或换向阀继电器无输出、制冷剂泄漏或制冷剂压力失常、管路堵塞、控制板有问题。该机制冷状态工作正常，但不能转到制热状态，故检查四通阀及其控制电路是否正常。将空调置于制热状态，测室外的主芯片 IC5（M38588）的 ㉘ 脚输出了高电平信号，但继电器 K3 不动作，检查发现驱动芯片 IC7 已损坏。控制电路部分截图如图 5-43 所示。

故障处理：更换驱动芯片 IC7 后故障排除。

> **提示**：该机四通阀受室外机控制电路的控制。正常工作时，若室内机发出制热指令，室外机芯片 IC5 的 ㉘ 脚通过电阻 R66 输出高电平，送到驱动块 IC7（ULN2003）的 ① 脚，使其输出一低电平触发 K3 继电器动作，电磁阀通电吸合，制冷剂改变流向，空调器制热。

❓ 9. 机型现象：海尔 KFR-56LW/01S（R2DBPQXF）-S1 自清洁变频空调显示 E3 代码

维修过程：E3 代码表示内外机通信故障，可能的原因有：①室内机或室外机的控制板出现了故障，或者某块控制板未正常通电；②安装方面，如连接线接线错误，或者分支过多，一般只要从电源和信号两方面去检查就可以。检修时首先检查内外机零火线是否接反，如果是则对调零火线（内外端子排线对应）；然后检查室外主板上线束插座（CN23、CN22 和 CN8、CN9）与功率模块相关连接线的线束端子连接是否良好，如果模块相关连接线正常连接，则更换模块；最后检测室外机主芯片是否向室内机返回通信信号。室外机线路如图 5-44 所示。

第 5 章　互联网+APP 维修实战技巧

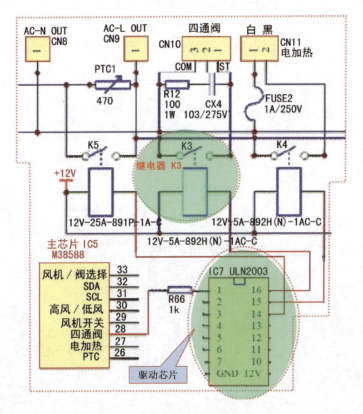

图 5-43　控制电路部分截图

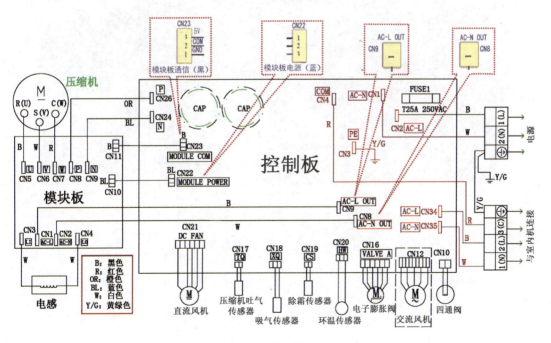

图 5-44　室外机线路图

161

故障处理：如果测室外电控电压恒为高电平（+5V）或恒为低电平（0V），则说明室外机芯片或通信电路有故障，应直接更换室外机控制板（如图5-45所示）。

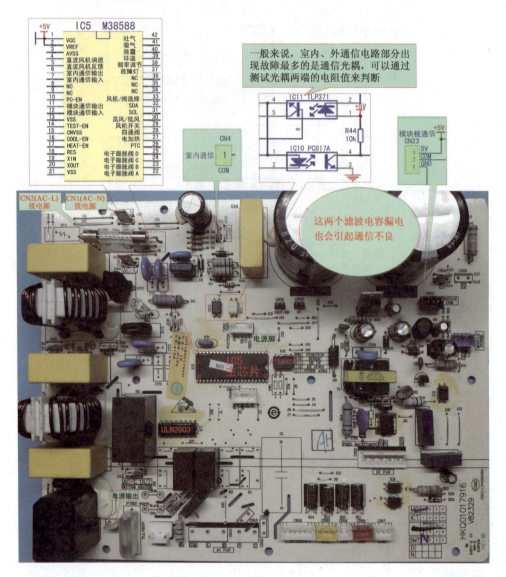

图5-45　室外机控制板

> **提示**：室外电控没有+5V电源，则室外的主芯片IC5（M38588）不能工作，就会导致出现室内、外通信故障。因此室外电控部分哪一部分出现故障导致+5V电源不正常，都会出现室内、外通信故障。

? 10. 机型现象：海尔 KFRd-72LW/Z5 柜式空调制热效果差，压缩机运转失常

维修过程：上门检修时，首先将空调置于制热模式下开机并启动电热功能观察空调运转情况，发现室内风机停机几分钟后，开始正常工作，但此时空调出口温度为30℃左右，用钳形电流表检测其工作电流约为8.5A，说明压缩机或电加热器有问题。为区分故障在哪个部位，此时关闭电热功能，再用钳形电流表检测工作电流还是失常，故判定问题出在压缩机。电气线路如图5-46所示。

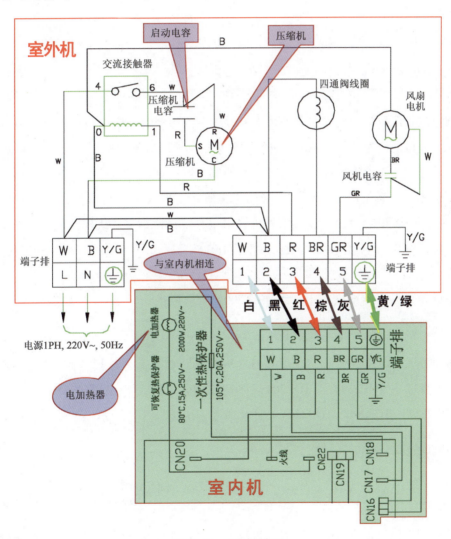

图 5-46 电气线路图

故障处理：该机检查压缩机启动绕组与启动电容连接的电源线插接头已经烧毁，从而

导致此故障，更换电源线插接头和启动电容后故障即可排除。

> ❋ **提示**：空调出厂铭牌上的技术参数：空调制热时的功率为 8400W，工作电流为 12.8A，电加热器的功率为 2000W，工作电流为 9.6A。

5.6 海信空调器上门维修实训

❓ 1. 机型现象：海信 KFR-2619GW/BPR 变频空调遥控开机后室内机运转，但室外机不转

维修过程：此故障一般出在室外机上，故障原因主要有：室内机没有信号电源输送给室外机、室外机的电源基板故障、室外机的风扇电动机电容器故障、室外机的压缩机故障、制冷剂不足等。首先检查环境温度合适、室外机通风良好，初步排除压缩机过热保护的可能；然后检测空调系统压力正常，冷凝器也无脏污；再开机观察室外机是否有工作声音（包括室外机风扇和压缩机），发现室外机风扇也不转，检查室外机控制板，发现室外机主板上开关电源 IC01（TOP232）炸裂，二极管 D01 击穿。如图 5-47 所示为室外机控制板部分截图。

故障处理：更换 TOP232、D01（P6KE200）后故障排除。

> ❋ **提示**：阻容吸收回路二极管 P6KE200 击穿，造成 IC01 损坏。IC01（TOP232）是一个开关电源集成电路，采用双列八脚封装，它的互换与兼容型号有：TOP203、TOP223Y、TOP233Y、TOP204、TOP224Y、TOP234Y、TOP205、TOP225Y、TOP235Y、TOP206、TOP226Y、TOP236、TOP207、TOP227Y 等。

❓ 2. 机型现象：海信 KFR-2619GW/BPR 变频空调制冷时室内机风扇正常运转，继电器能发出吸合声，但室外机无任何反应

维修过程：该故障应利用故障代码和自诊断功能进行判断和检修，连续按遥控器上的"传感器转换"键两次，电源灯和运行灯亮，此代码表示通信故障。用万用表直流电压挡测量通信电路电压，在上电不开机（待机状态下）时电压为 24V，说明 24V 电压产生电路正

第 5 章 互联网+APP 维修实战技巧

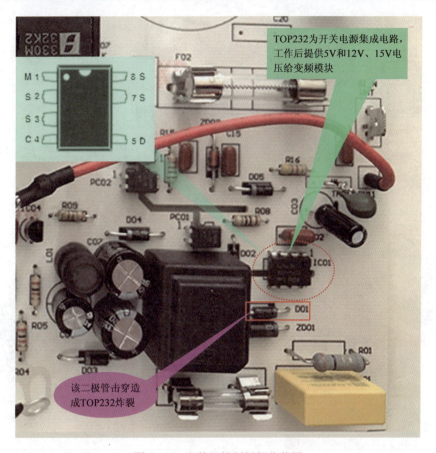

图 5-47 室外机控制板部分截图

常,且室内机 CPU 已发出通信信号;遥控开机后测直流 24V 电压升至 30V(正常时应为 0~24V 跳变电压),说明通信电路有问题。检测室外机接线端子中的 N 与 S 端电压和室内机相同,故排除室内、外机连接线故障。取下室外机外壳,用万用表直流电压挡测光耦 PC03 次级电压(黑表笔接发射极、红表笔接集电极)为稳定的 5V 左右电压(正常时应为跳动变化的电压)、初级电压(黑表笔接发光二极管负极即电源 N 线、红表笔接正极) 为 0V(正常时为跳变电压),检查 30V 稳压二极管 ZD02、整流二极管 D05、分压电压 R16、PTC 电阻 TH01 等元件,发现分压电阻 R16(4.7k/1W)开路损坏。该机通信电路电阻 R16 和光电耦合器 PC03 资料如图 5-48 所示。

故障处理:更换损坏的元器件即可排除故障。

> **提示**:拆下怀疑有问题的光耦,用万用表测量其内部二极管、三极管的正反向电阻值,与好的光耦对应脚的测量值进行比较,若阻值相差较大,则说明光电耦合器已损坏。

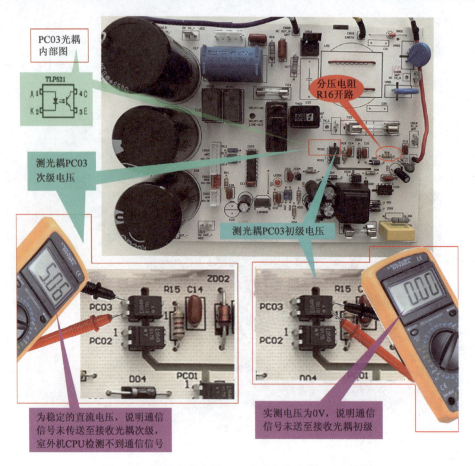

图 5-48　通信电路电阻 R16 和光电耦合器 PC03 资料

❓ 3. 机型现象：海信 KFR-26GW/77VZBP 变频空调开机制冷时内风机工作，但外风机与压缩机均不工作

维修过程：上门开机观察，室内机显示屏显示室内温度，但室外温度不能正常显示。用数字表直流电压挡测量室外机接线端子 S、N 之间的电压在 24V/0V 之间交替变化，确认故障发生在室外机。

检测 S、N 端子电压为 24V，检查内、外机间通信线接线端子插件接触良好，检查室外机通信电路中 PC1、PC2、TH01、R10、R11、D5 等元件，发现 R10（4.7k）不良，如图 5-49 所示。

故障处理：更换 R10 后故障排除。

图 5-49　海信 KFR-26GW/77VZBP 变频空调电路板实物图

> **提示**：若无 R10（4.7k），应急时可用两只 2.4k 电阻串联代换。当检测出光耦无输出的时候，不能轻易判定是光耦损坏，应确认光耦输入端的信号是否正常。这样，顺着信号来源往前逐点检测，就会很容易找到故障部位。

❓ 4. 机型现象：海信 KFR-26W/36FZBPC 变频空调开机制冷时内外风机运转，但压缩机不转

维修过程：上门开机观察 LED1 与 LED3 灯闪、LED2 灭，此指示灯代码含义为直流压缩机失步。变频空调外机模块电路上电压/电流检测、相位检测、模块过流/过热保护、自举升压电路、室外机主控板开关电源电路供给模块驱动电压（直流 15V）、模块上主控芯片电源（直流 5V）、晶振与复位电路等异常或压缩机自身问题都会引起压缩机失步。用万用表对模块上各监测点电压进行检测，发现 IPM 板上 IC4（LM358）的①脚电压失常（正常值为 2.4V），经查为电流检测电路（如图 5-50 所示）中色环电阻 R60 开路。

故障处理：更换 R60 后故障排除。

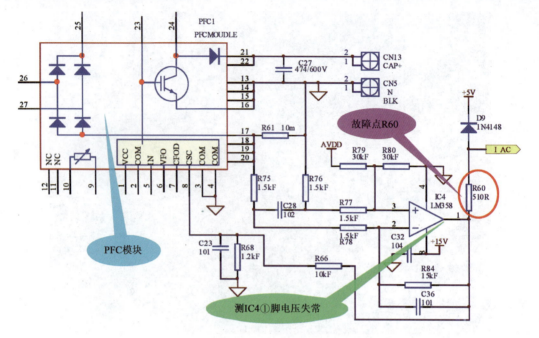

图 5-50　电流检测电路部分截图

> **提示**：由于压缩机接线端子长期工作在高电压、大电流状态，容易产生接触不良引起压缩机三相供电不正常，控制芯片无法准确计算压缩机转子位置，从而使压缩机失步保护停机。

❓ 5. 机型现象：海信 KFR-5016W/BP 柜式变频空调压缩机自动停机，风机转

维修过程：上门检修时，拆开室外机观察主板上 LED1、LED2、LED3 三个指示灯显示状态为"亮、闪、灭"，此指示代码表示电流过载保护，应重点检查电流检测电路，如图 5-51 所示。断电，用万用表的欧姆挡测量采样电阻 R5、R1、R56 等元件，发现 R56 开路。

故障处理：更换 R56 后故障排除。

> **提示**：电流检测电路是用来检测压缩机供电电流的，保护压缩机在电流异常时避免被损坏。该机电流检测电路由电阻 R1、R56 采样，信号经 IC1（LM358）放大后送到 CPU（MB89855）的⑱脚。

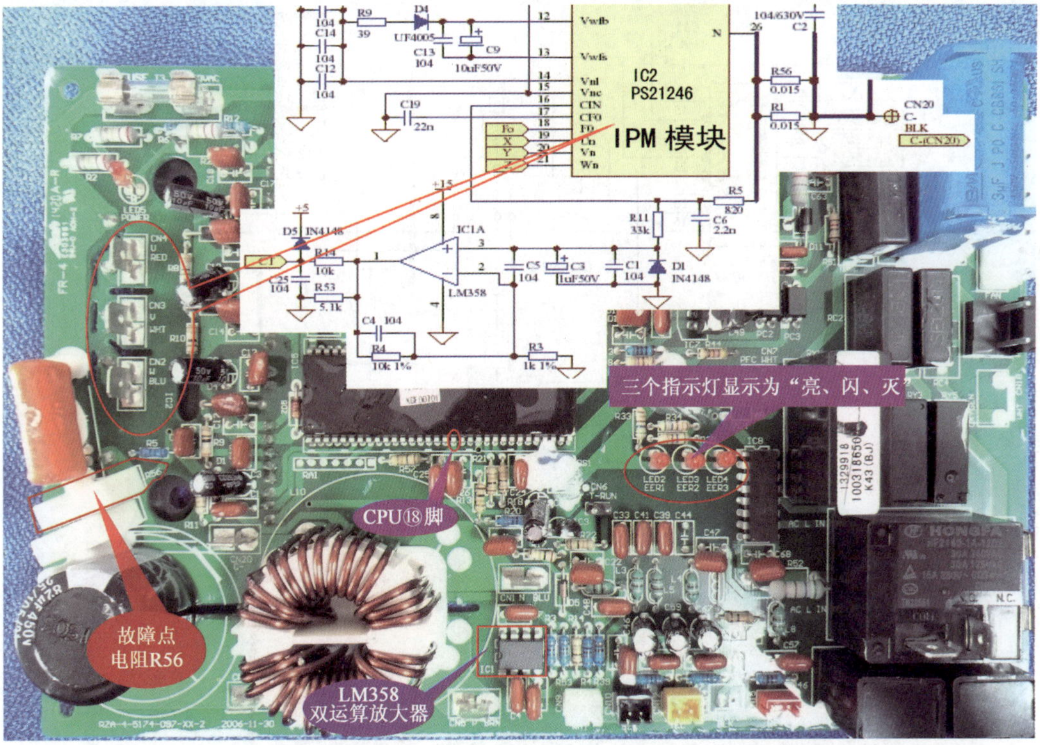

图 5-51　电流检测电路与外机主板部分截图

6. 机型现象：海信 KFR-50LW/26VBP 变频空调开机后压缩机能运转，但不制热

维修过程：此故障一般发生在四通阀驱动电路，用万用表交流电压挡测 CN17 插座无 AC 220V 输出，说明四通阀线圈不良或四通阀不吸合或吸合不良。此时测驱动器 IC8 的⑬脚电压为 DC 0.7V，说明继电器线圈导通、驱动器工作正常，经查为继电器 RY3 触点氧化导致 CN17 处无 AC 220V 输出。电路图如图 5-52 所示。

故障处理：更换继电器 RY3 后故障排除。

提示：若测 IC8 的⑬脚电压为 DC 12V，说明继电器线圈未导通，驱动器未正常工作。此时再用万用表直流 20V 挡测主芯片 IC5（MB89855）的51脚或驱动器 IC8（TD62003AP）的④脚是否有 DC 5V 左右电压，如果有说明芯片输出正常，如果没有则说明芯片不良。

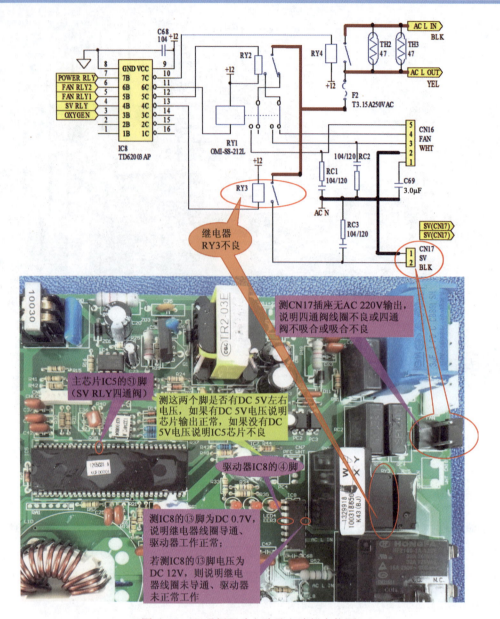

图 5-52 四通阀驱动电路及电路板实物图

7. 机型现象：海信 KFR-50LW/26VBP 变频空调压缩机不启动，但风机能正常运转

维修过程：上门开机发现通电后压缩机不启动，风机能正常运转，故障自诊断显示"亮、亮、灭"（为传感器故障）。首先用万用表 DC 20V 挡检测排气、盘管及环境传感器的分压电阻 R39、R45、R47 电压为 0V，说明传感器开路或没有 5V 电压；然后用万用表

DC 20V 挡检测电感 L7 输入端的电压为 5V，输出端电压为 0V，怀疑电感开路，导致整个温度传感器电路无法工作。进一步验证 L7 是否存在问题，断电后用万用表欧姆 2k 挡测量 L7 已为无穷大，该例故障现场检测数据如图 5-53 所示。

图 5-53 电阻 R45、R47、电感 L7 在电路板中的位置

故障处理：更换电感 L7，通电后空调运转正常。

> 提示：该故障因为故障自诊断功能能显示，说明 CPU 能正常工作，也就是 5V 正常。后测得三个传感器的电压都为 0V，说明不可能都是传感器开路，检修思路应是传感器电路供电电路存在问题，导致整个传感器电路不工作。该机外机板型号为 RZA-4-5174-097-XX-1。

8. 机型现象：海信 KFR-50LW/97FZBP 变频空调开机室内机有风，室外机风机也转动，但压缩机不工作，机器不制冷

维修过程：上门检修时首先拆开室外机，观察主板的三个指示灯闪烁为"LED1 闪、LED2 灭、LED3 闪"，含义为"直流压缩机失步"。卸下模块，用 15V 和 5V 直流电源加电测试重要检测点电压。该机故障为模块自举电路贴片电阻 R28（20Ω）开路所致，相关资料如图 5-54 所示。

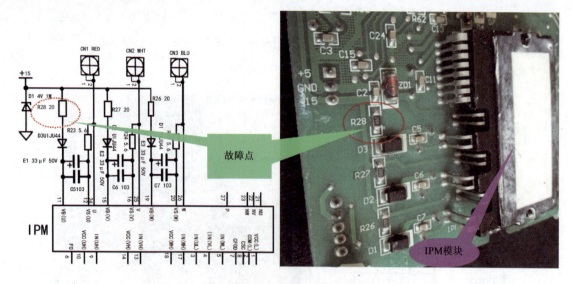

图 5-54 模块自举电路部分截图

故障处理：更换 R28 后故障排除。

5.7 美的空调器上门维修实训

❓ 1. 机型现象：美的 KFR-26GW/BP2DN1Y-E（3）变频空调室内机显示 E1

维修过程：E1 代码表示室内、外机通信异常，影响部位有：室内机控制板、室外机控制板、通信线路。打开空调外机盖，用万用表测 L-N 之间电压为 225V，说明室内电源输出电路正常；再测 S 线与 N 线间的电压仅为 0.3V（正常时应为 3～40V 波动直流电压），故判断问题在室内电控板上，经检测发现主板电流环通信电路异常。如图 5-55 所示为室内机主板。

故障处理：更换室内机主板，试机后正常。

> 提示：通信信号有两根线（信号线 S 和零线 N），室内机与室外机的四根连接线不能错，即火线 L、零线 N、信号线 S、接地的黄绿线要一一对应连接。通信电路还有一个独立的直流电源，一般是直接用 220V 交流经过限流电阻降压后整流，电压为 24V（各厂家设计可能有差异）。

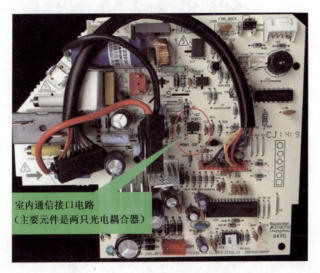

图 5-55　室内机主板

2. 机型现象：美的 KFR-35GW/BP2DN1Y-DA400（B3）变频空调显示 E1

维修过程：E1 代码表示通信故障，重点检查室内机通信电路是否正常。测量室内机电路板通信电路 24V 直流电压是否正常，如图 5-56 所示，经测量电压为 0V，说明 24V 稳压二极管可能击穿，焊下稳压二极管进行确定。

故障处理：换新的 24V 稳压二极管后，故障排除。

> **提示**：检修该故障，可利用美的变频检测仪（如图 5-57 所示）查找故障部位，从而提高维修效率。操作步骤如下：①空调停机掉电后，将工装的"LNS 强电接口（白色 3 针）"中的 L、N 电源线（S 线先不接）并接到室内、外连接的接线座上，检测仪"电源选择键"打到"LNS"（最下挡位）；②空调上电并开机，等变频仪工作后，选择"通信故障检测→"在线检测"进行自检，以确定检测仪通信电路状态，自检时间约为 10s；③空调停机并掉电，将 S 线并接到电流环路中；④根据检测结果，确定故障源，并断开电源进行维修处理。

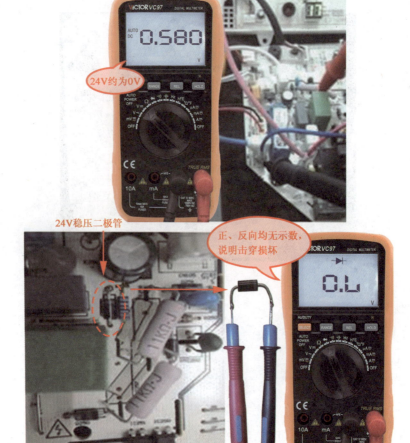

图 5-56　测量通信电路 24V 直流电压

图 5-57　美的变频检测仪

❓ 3. 机型现象：美的 KFR-35GW/BP2DN1Y-DA400 变频空调开机显示 E3，室内机不出风

维修过程：代码 E3 表示室内机风速失速故障，故障原因为风轮卡死、风机板故障、风机故障等。首先断电用手拨动风轮无卡死现象，然后开送风模式测量风机红、黑两线间无 50~200V 交流电压，说明故障在室内机板；用万用表检测室内机电路板上的风机控制 IC101（AQH2223）的③脚有电压，但 220V 电压输出⑥脚无电压变化，说明 IC101 损坏，如图 5-58 所示。

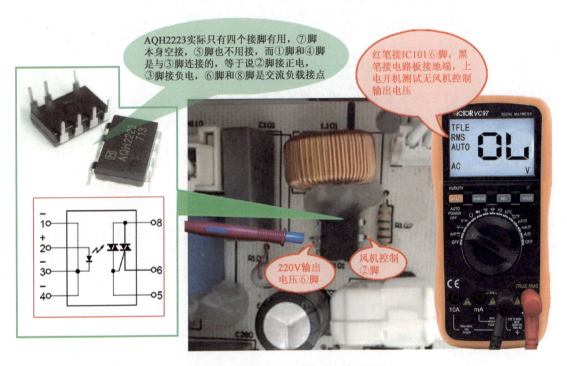

图 5-58 检测风机驱动集成电路 IC101

故障处理：更换 AQH2223 后故障排除。

> **提示**：AQH2223 是一个 600V/0.9A 的光电耦合器，又称固态继电器。其工作原理是：当第②脚与第①、③、④脚有电流流过时，内部的发光二极管发光，从而使第⑧脚与第⑤、⑥脚导通。

? 4. 机型现象：美的 KFR-35GW/BP2DN1Y-H（3）变频空调制冷效果差，运行频率不能升高

维修过程：检查发现该机可低频率运转，但不能升频。引起此类故障的原因主要有：①设置温度与室内温度相差太小；②压缩机排气温度过高；③压缩机工作电流过大；④环境温度过高；⑤室内开关温控板不良，不能调节温度。经检查发现室内开关温控板不良。

故障处理：更换室内开关温控板后，故障排除。

> ✦ 提示：电源电压过低时也会引起此类故障。

? 5. 机型现象：美的 KFR-35GW/BP2DN1Y-PA402（B3）变频空调开机几分钟室内机显示 E1 代码

维修过程：E1 代码表示通信故障。测外机板 N-S 为 15~24V，说明内机板、连接线正常，故障范围在外机板。打开室外机发现外机指示灯不亮，测量 220V 正常，测量整流桥堆 BR2 直流 300V 为 0V；继续测量 BR2 交流处 220V 正常，确定 BR2 开路，如图 5-59 所示。

故障处理：更换整流桥堆 BR2，试机正常。

> ✦ 提示：该例故障需要在路检测，且检测部位都为强电区，操作时应注意做好安全防范，以防发生电击事故。

? 6. 机型现象：美的 KFR-35GW/BP3DN1Y-C 变频空调开机后外风机正常启动，压缩机发出异常的"嗡嗡"声后整机停止工作，并显示 P0 代码

维修过程：P0 代码表示模块保护。开机检测模块输入电压，待机状态下为 310V 左右，压缩机启动瞬间电压下降至 240V 左右，电源及整流电压正常，故排除了模块欠压、过流保护故障；用变频检测仪检测显示过流保护，此时检查压缩机 U、V、W 连接线路良好，但测试 U、V、W 三相绕组之间阻值异常（正常时三个绕组之间的阻值应该基本相等），根据压缩机启动时的异常声音，基本判断为压缩机卡缸或退磁。

图 5-59　测外机板 N-S 电压与整流桥堆

故障处理：变频压缩机故障原因最多的应该是抱轴、卡缸。遇上这样的故障可以将制冷剂放掉（减轻压缩机的启动阻力），然后将压缩机改接成单相运行接线冲一冲，如果冲不开就只有更换压缩机了。

> **提示**：压缩机是空调的核心设备，也是空调噪声的来源之一，只要不是太大就是正常的，但压缩机运行不正常就会发出异常的噪声。仅从测量三相绕阻阻值大小是否一样并不能真正判断压缩机的好坏，实际维修中绕组损坏的概率也远小于抱轴、卡缸。

7. 机型现象：美的 KFR-35GW/BP3DN1Y-I（3）变频空调开机不制热，几分钟后显示 E1 代码

维修过程：代码 E1 表示通信故障。上门检测 220V 电压正常，初步判断为室内机或连接线故障。卸下室外机接线板盖，用表测量室内机到室外机接线板 N-S 端子间为 0~60V 跳变，如图 5-60 所示，再测量 24V 稳压二极管端为 24V，根据以往经验基本可确定为连接线故障。

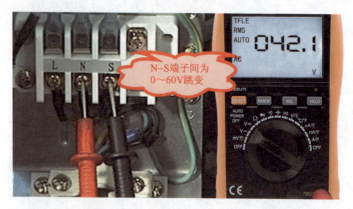

图 5-60　测量接线板 N-S 端子间电压

故障处理：更换连接线，试机正常。

☆ 提示：室内、外机连接线绝缘性不良容易有交流成分窜入干扰，应更换质量可靠的美的空调原配连接线，如图 5-61 所示，更换时应注意 L、N、S 接线端子不要接错。

图 5-61　美的空调原配连接线

> **8. 机型现象**：美的 KFR-35GW/BP3DN1Y-LB（A2）变频空调开机后不制热，室内、外机都不工作，几分钟后室内机显示 E1

维修过程：E1 代码表示室内、外机通信故障，故障部位有：室内机板、室外机板、连接线、电抗器等其他负载，需要进行拆板维修。首先检测 300V 直流电压为 190V，电压异常，去掉 300V 负载直流风机插件，300V 立即恢复正常，怀疑为直流风机故障所致。用表测试风机接线插头红、白、黄、蓝对黑（地线）的电阻只有几千欧（正常值为几十千欧或几百千欧），说明直流风机损坏。本案例维修现场检测数据如图 5-62 所示。

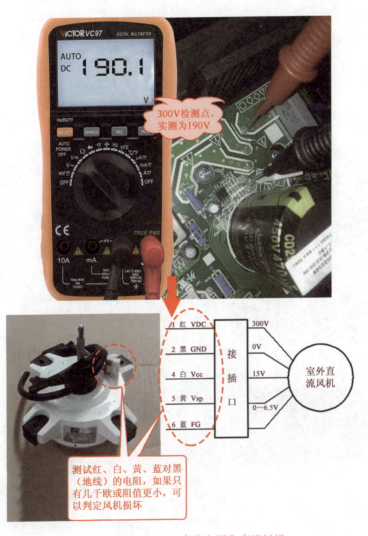

图 5-62　检测 300V 直流电压和直流风机

故障处理：更换室外机直流风机，试机正常。

> **提示**：该故障是因直流风机损坏，造成300V直流电压过低、室外机开关电源工作不正常，从而使5V电压输出偏低、造成CPU不能正常工作，导致通信异常。

9. 机型现象：美的 KFR-72LW/BP2DY-E 变频空调开机制热时室内机有显示，但室外机无反应并显示 P0 代码

维修过程：P0代码表示模块保护。引起模块保护的部位有：室外电控、压缩机、连接线组、变频模块。检修时，首先测室内机的L、N有230V输出到室外机，N、S之间也有直流2～24V脉冲电压，故判断故障出在室外机。用万用表检测外电路板整流滤波电路正常（整流桥有306V直流电输出），测压缩机三相绕组阻值正常、也无短路及漏电现象，测变频IPM模块上U（蓝）、V（红）、W（黑）相互之间的6路电阻值正常（正常电阻值应在300～800kΩ之间，且阻值平衡），测模块U、V、W分别与P正极之间的电阻值时，发现P与W之间的阻值失常，经查为模块W相与P正极端击穿短路。如图5-63所示为室外机电路板。

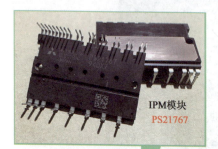

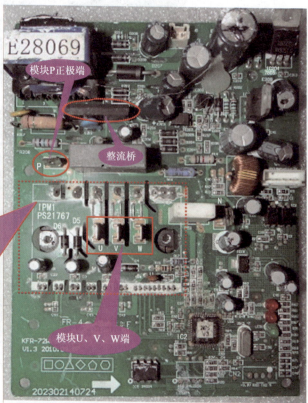

图 5-63 室外机电路板

故障处理：更换室外机电控盒后故障排除。

> **提示**：测量模块 U、V、W 分别与模块 P 正极之间的电阻，将万用表黑表笔接模块 P 正极，红表笔分别接 U、V、W，正常情况下三相电阻阻值应平衡（阻值差值小于 10kΩ），阻值范围在 300～800kΩ 之间。

❓ 10. 机型现象：美的 KFR-72LW/BP2DY-E 空调制热效果差，出风温热

维修过程：先观察室外机有无遮挡造成室外机吸热不好，然后开机试机，观看空调运转情况。仔细观察空调前 10min 左右运转正常，运转频率可以达到高频，出风温度大约 50℃（高频时电压为 220V，电流在额定范围内），基本可以排除是制冷系统和缺氟造成不良。之后打开室外机，接上美的变频检测仪，小板也不显示故障代码，于是分别观察各项数据是否正常，当观察到室温管 T2 温度为 58℃ 时，发现温度偏高，因为这时吹出的风是温热风，断定 T2 传感器及相关电路有问题。

故障处理：打开室内机电控盒，卸下 T2 传感器，测量阻值偏小。更换 T2 传感器，试机正常。

5.8 志高空调器上门维修实训

❓ 1. 机型现象：志高 KF-35GW/A121+N2 空调电源指示灯亮，但不能开机

维修过程：检修过程按以下检修流程（如图 5-64 所示）进行。

故障处理：该机检查为温度传感器输入 CPU 电压异常，经查为传感器损坏，更换传感器即可。

❓ 2. 机型现象：志高 KFR-35GW/A99+N2 空调通电后整机无反应

维修过程：上门时首先从电源电路着手（检查电源或插头是否存在故障、主电源与控制面板电源是否正常），然后检查显示接收板或连线是否存在故障，再检查遥控器是否损坏，最后检查室内机电控板是否有问题，如图 5-65 所示。

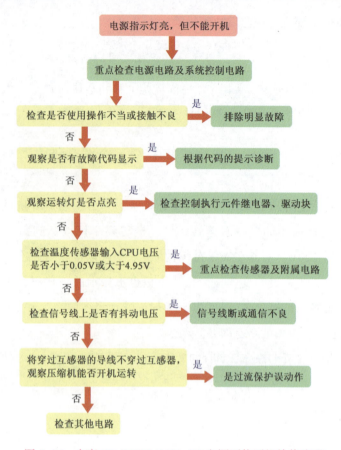

图 5-64 志高 KF-35GW/A121+N2 空调不能开机检修流程

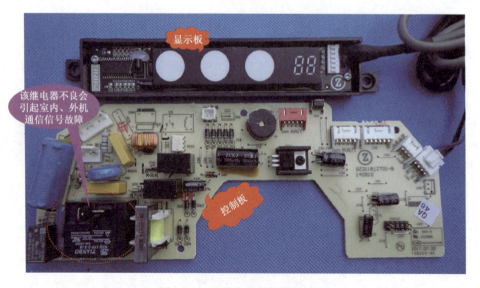

图 5-65 显示接收板与控制板

故障处理：该机为室内机电控板（型号为 ZGAM-99-3E4）有问题而引起，直接更换室内机电控板即可排除故障。

> **提示**：更换电控板时，应选取正确的电控板编码、型号，更换前需检测电控板配件关键元器件是否正常，还应确认整机已断电，且电控板电容残电已放完。

3. 机型现象：志高 KFR-35GW/ABP117+N3A 变频空调按遥控开机无反应

维修过程：该故障应重点检查遥控接收板接收头是否不良，相关资料如图 5-66 所示。用万用表检测接收头引脚输入、输出电压是否正常，如不正常，则检查遥控接收头。

图 5-66　志高空调遥控接收板

故障处理：该机是遥控接收头有问题，更换后故障即可排除。

4. 机型现象：志高 KFR-35GW/ABP117+N3A 变频空调显示故障代码 F1

维修过程：代码 F1 表示室内、外机通信故障。首先检查室内、外机连接线正确，然后检查通信线接触良好；再用万用表检测室外机 1、2 没有 220V 电压，说明故障在室内机，经查为室内机继电器不良所致，如图 5-67 所示。

故障处理：更换继电器即可排除故障。应急处理时，直接短接 L 给 1（棕色）即可。

> **提示**：一般室内机连接线是出厂时连接好的，安装时只接室外机 4 根线就行，即 1L（棕）火线、2N（蓝）零线、3L（黑）信号线、4（黄/绿）接地。

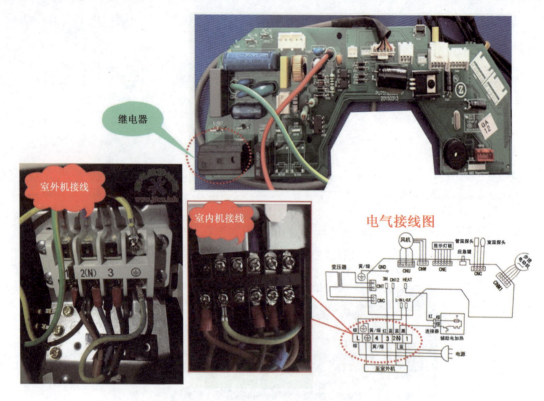

图 5-67　室内机电气接线及电路板

❓ 5. 机型现象：志高 KFR-35W/E+N2 空调压缩机刚一启动就停机

维修过程：当电源电路、压缩机启动电路、系统控制电路出现问题时均会引起此故障。上门检修时，首先通电开机观察，若机器刚一启动电源灯就灭，则重点检查电源电路是否有问题（供电线路是否正常、电源熔丝是否正常，等等）；若运转灯一亮即灭，则是压缩机及其回路不良；若测得电流快速升高后停机，则是压缩机运转电容器不良。

故障处理：该机为压缩机运转电容器（如图 5-68 所示）不良所致，更换压缩机运转电容器即可。

> **提示**：压缩机停机时，观察外风机是否停止，若外风机也停止，说明传感器有问题；如果外风机不停，则是室外机的压缩机有问题。

❓ 6. 机型现象：志高 KFR-70LW/B（B22A）空调开机后显示 E7 代码

维修过程：E7 代码表示过流或相序保护外反馈故障。首先检查电压、相序、接线方面是否正常,若电源没有检修或变动过的话,室外压缩机出现过流的可能性比较大,应检查线路及压缩机的绝缘是否正常。若正常,则在室内端子处可暂时把反馈线与零线短接,开启空调以判断电控板方面是否正常。如果短接后空调能正常开启,说明故障原因在室内、外机的连接线上,此时应检查连接线有无接错或松动的现象,排除线路故障后考虑更换室外电控板;若短接反馈线与零线后开机仍然报故障,则可能是室内控制板或操作板有问题。

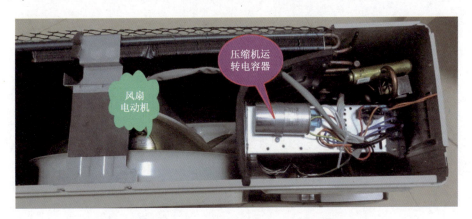

图 5-68 志高 KFR-35W/E+N2 空调压缩机运转电容器

故障处理:该机为连接线松动所致,重新插接故障即可排队。

提示:如果不是新机可断定为过流保护,过流保护的意思是电压低,可更换压缩机启动电容,基本上能解决问题。

第6章

互联网+APP 资料查阅

6.1 空调器故障代码

6.1.1 TCL 变频空调故障代码

数码管代码	代码含义	指示灯代码	故 障 原 因
E0	室内、外通信故障	RUN、TIMER-同闪	检查室外机控制板红灯,灯亮,一般是内机板问题;不亮,检查室外机电源
E1	室温传感器问题	RUN-1次/8秒	室内环境温度传感器短路或开路
E2	室内盘管温度传感器问题	RUN-3次/8秒	室内盘管温度传感器短路或开路
E3	室外盘管温度传感器问题	RUN-3次/8秒	室外盘管温度传感器短路或开路
E4	系统异常	RUN-4次/8秒	制冷或制热室内管温无正常变化,系统严重缺氟
E5	室外保护故障	RUN-5次/8秒	室外保护信号短路
E6	室内风机故障	RUN-6次/8秒	室内风扇不转或转速异常
E7	室外温度传感器问题	RUN-7次/8秒	室外环境温度传感器短路或开路
E8	排气温度传感器故障	RUN-8次/8秒	室外排气温度传感器短路或开路
E9	变频驱动模块故障	RUN-9次/8秒	30min 内出现多次 P0 P9 驱动或模块保护,室外模块板故障
EA	电流传感器故障	RUN-11次/8秒	电流采样异常。压缩机未开检测电流大于 4A,压缩机以 F4 以上频率运行电流小于 1A。一般是制冷剂泄漏
EC	室外通信故障	RUN、TIMER-同闪	室外电源板与模块通信异常

续表

数码管代码	代码含义	指示灯代码	故障原因
EE	EEPROM故障	RUN-12次/8秒	室内EEPROM错误或读不到EEPROM数据
EF	室外风机故障	无	室外直流风扇电动机不转或转速异常
EP	压缩机壳顶开关故障	RUN-13次/8秒	压缩机壳顶温度过高或温度开关坏
EU	电压传感器故障	RUN-14次/8秒	系统采样不到电压
P0	模块保护	RUN闪,TIMER-10次/8秒	变频模块自身过温、过流保护,IPM智能功率模块FO输出故障信号
P1	过、欠压保护	RUN闪,TIMER-1次/8秒	输入电压低于160V或高于260V
P2	过电流保护	RUN闪,TIMER-2次/8秒	运行电流超过限定值
P4	排气温度过高保护	RUN闪,TIMER-4次/8秒	排气温度超过停机保护值(超过105℃或110℃)
P5	制冷防过冷保护	RUN亮,TIMER-5次/8秒	制冷检知室内换热器温度IP<-1℃持续5min(同定速机制冷防冻结保护)
P6	制冷防过热保护	RUN亮,TIMER-6次/8秒	室外盘管温度高于设定值(制冷检知室外换热器温度OPT≥62℃)
P7	制热防过热保护	RUN亮,TIMER-7次/8秒	制热运行室内管温超过设定值(制热检知室内换热器温度OPT≥62℃)
P8	室外温度过高或过低	RUN亮,TIMER-8次/8秒	制冷室外环境温度低于-1℃,制热室外环境温度超过33℃
P9	压缩机驱动异常或不启动	RUN亮,TIMER-9次/8秒	压缩机反馈信号异常,检查压缩机接线顺序:W-蓝、V-白、U-红

备注:①P代码是保护代码,诱因消失后一般可恢复;E代码是故障代码,一般需要维修。②闪——指亮0.5s,灭0.5s;n次/8s——亮0.3s,灭0.3s。③RUN为室内机发出的显示板上"运行"灯闪烁控制信号;TIMER为室内机发出的显示板上"定时"灯闪烁控制信号。④数码管显示的机型仅为数码管指示故障及保护代码,指示灯不参与显示。

6.1.2 长虹变频空调故障代码

代码	故障说明	代码	故障说明
室内机故障显示(室内机故障代码通过显示屏显示)			
F0	室内电动机异常	「3	无法同步
F1	室温传感器故障	「4	欠相检出故障(速度推定脉动检出法)
F2	室外温度传感器故障	「5	欠相检出故障(电流不平衡检出法)
F3	内盘温度传感器故障	「6	逆变器IPM故障(边沿)(电平)
F4	外盘温度传感器故障	「7	PFC_IPM故障(边沿)(电平)
F5	压缩机排气温度传感器故障	「8	PFC输入过电流检出故障
F6	室内通信无法接收	「9	直流电压检出异常
F7	室外通信无法接收	」0	PFC低电压(有效值)检出故障

续表

代码	故障说明	代码	故障说明
室内机故障显示（室内机故障代码通过显示屏显示）			
F8	室外机与压缩机驱动板通信异常	⌋1	AD Offset 异常检出故障
E0	压缩机顶部过热保护	⌋2	逆变器 PWM 逻辑设置故障
E1	室内机无法接收显示面板通信	⌋3	逆变器 PWM 初始化故障
E2	室外直流（交流）风机故障	⌋4	PFC_PWM 逻辑设置故障
E3	显示面板无法接收室内机通信	⌋5	PFC_PWM 初始化故障
E4	室内直流风机故障	⌋6	压缩机驱动电路过热
⌈0	逆变器直流过电压故障	⌋7	Shunt 电阻不平衡调整故障
⌈1	逆变器直流低电压故障	⌋8	通信断线
⌈2	逆变器交流过电流故障	⌋9	电动机参数设置故障
C0	直流电压突变故障	C2	EEPROM 初始化错
C1	EEPROM 数据错		
室内机保护显示（保护显示功能需要通过查询获得）			
P1	压缩机排气温度过高	P5	制冷冻结
P2	电流过大	P6	制冷过载
P3	制热化霜异常	P7	室外机模块过温保护
P4	制热过载	P8	运转频率低于最低频率

6.1.3 格力变频空调故障代码

代码	代码含义	室内机指示灯显示	故障部位/故障原因
b5	入管感温包故障	制冷指示灯灭 3s 闪烁 19 次	
b7	出管感温包故障	制冷指示灯灭 3s 闪烁 22 次	
C1	故障电弧保护	运行指示灯灭 3s 闪烁 12 次	
C2	漏电保护	运行指示灯灭 3s 闪烁 13 次	
C3	错接线保护	运行指示灯灭 3s 闪烁 14 次	
C5	跳线帽故障保护	运行指示灯灭 3s 闪烁 15 次	跳线帽松脱、断路或其相关电路
C6	无地线	运行指示灯灭 3s 闪烁 16 次	
C7	PTC 感温包故障/空调辅电温感器故障	制热指示灯灭 3s 闪烁 9 次	
CD	二氧化碳浓度过高报警		
CF	短路保护		
CH	换气部件与射频检测板配对成功或无线通信异常		
d0	风机调速板通信故障		

续表

代码	代码含义	室内机指示灯显示	故障部位/故障原因
dJ	交流输入相序保护（缺相或逆相）		
E0	整机交流电压下降，降频	运行指示灯灭 3s 闪烁 10 次	
E1	系统高压保护、压缩机高压保护	运行指示灯灭 3s 闪烁 1 次	高压开关或其接线故障、系统堵塞、室内、外换热器脏污
E2	防冻结保护、板式换热器防冻结保护、蒸发器防冻结保护、防低温	运行指示灯灭 3s 闪烁 2 次	蒸发器或过滤网脏污、管温感温包异常、室内机控制器有问题
E3	低压保护、系统低压保护、压缩机低压保护	运行指示灯灭 3s 闪烁 3 次	系统漏堵、低压开关有问题
E4	排气高温保护、压缩机排气保护、压缩机排气高温保护	运行指示灯灭 3s 闪烁 4 次	系统堵塞、室外电器盒故障、排气感温包异常、冷媒泄漏
E5	过流保护、过载保护、压缩机过流保护、压缩机过载保护	运行指示灯灭 3s 闪烁 5 次	保护电子元器件、模块和压缩机有问题
E6	通信故障	运行指示灯灭 3s 闪烁 6 次	室内、外机电控部件（电抗器、直流电动机、感温包、电辅热等）
E7	逆、缺相保护	运行指示灯灭 3s 闪烁 7 次	三相电源接错
E8	防温保护/系统防高温保护	运行指示灯灭 3s 闪烁 8 次	室内机管温感温包异常、换热器脏污
E9	防冷风保护	运行指示灯灭 3s 闪烁 9 次	制热开机防冷风
EA	油电磁阀保护		
EC	水流开关保护、空调水流开关保护、热水水流开关保护		
ED	系统防高温保护、防过热保护		
EE	驱动部分存储芯片故障		控制器故障
EF	外风机过载保护		
EL	火灾报警		
EO	特殊功能板故障		
EP	壳顶高温保护		散热不良或感温包故障
F0	系统缺氟、堵塞保护	制冷指示灯灭 3s 闪烁 10 次	传感器故障、系统管路堵塞
F1	室内环境感温包开、短路	制冷指示灯灭 3s 闪烁 1 次	环境感温包故障、控制器芯片异常
F2	室内蒸发器感温包开、短路	制冷指示灯灭 3s 闪烁 2 次	管温感温包故障、控制器芯片异常
F3	室外环境感温包故障/开、短路，传感器故障	制冷指示灯灭 3s 闪烁 3 次	环境感温包故障、控制器芯片异常
F4	室外冷凝器感温包开、短路	制冷指示灯灭 3s 闪烁 4 次	管温感温包故障、控制器芯片异常
F5	室外排气感温包开、短路	制冷指示灯灭 3s 闪烁 5 次	排气感温包故障、控制器芯片异常
F6	制冷过负荷，降频	制冷指示灯灭 3s 闪烁 6 次	
F7	制冷回油	制冷指示灯灭 3s 闪烁 7 次	
F8	电流过大，降频	制冷指示灯灭 3s 闪烁 8 次	

续表

代码	代码含义	室内机指示灯显示	故障部位/故障原因
F9	排气过高，降频	制冷指示灯灭 3s 闪烁 9 次	
FA	管温过高，降频		
FC	滑动门故障、导风机构故障		光电开关、轻触开关、控制器、步进电动机有问题
FE	过载感温包故障		
FJ	出风口、送风感温包故障		
FN	气体传感器故障	运行指示灯灭 3s 闪烁 21 次	
FP	二氧化碳检测故障		
FU	壳顶感温包故障保护		
H0	制热防高温降频	制热指示灯灭 3s 闪烁 10 次	
H1	化霜	制热指示灯灭 3s 闪烁 1 次	
H2	静电除尘保护	制热指示灯灭 3s 闪烁 2 次	
H3	压缩机过载保护	制热指示灯灭 3s 闪烁 3 次	压缩机故障、膨胀阀堵、冷媒泄漏、过载保护电路故障、过载开关故障
H4	系统异常	制热指示灯灭 3s 闪烁 4 次	冷凝器管温感温包故障、电压过低
H5	模块保护	制热指示灯灭 3s 闪烁 5 次	室外机控制器故障、系统异常（冷媒过多、管路堵塞等）、压缩机问题
H6	无室内机电动机反馈	运行指示灯灭 3s 闪烁 11 次	风机电容损坏或风口被堵、主芯片异常、电动机有问题
H7	同步失败	制热指示灯灭 3s 闪烁 7 次	系统压力不平衡、控制板采样电路异常、压缩机有问题
H9	电加热管故障	制热指示灯灭 3s 闪烁 9 次	
HC	PFC 过电流保护	制热指示灯灭 3s 闪烁 11 次	电抗器、PFC 电感短路、室外机控制器故障、电网电压失常
HE	压缩机退磁保护	制热指示灯灭 3s 闪烁 12 次	压缩机应更换
HF	WiFi 故障保护		WiFi 模块有问题
HL	净化器部件与射频检测板配对成功或无线通信异常		
HU	加湿器部件与射频检测板配对成功或无线通信异常		
J6	室内机主板与室内机驱动板通信故障		主板与驱动板有问题
JF	室内机与检测板通信故障		主板与检测板有问题
L0	风阀故障		
L1	湿度传感器故障		传感器松脱、损坏

续表

代码	代码含义	室内机指示灯显示	故障部位/故障原因
L2	水箱水位开关故障、加热水箱水位开关故障		
L3	直流风机故障、外风机故障保护	运行指示灯灭 3s 闪烁 23 次	直流风机、室外机控制器有问题
L4	过滤器堵塞报警		
L5	循环水感温包故障		
L7	水压开关保护		
L8	蓄热水箱水位开关故障		
L9	功率过高保护	运行指示灯灭 3s 闪烁 20 次	负荷过重
LA	外风机故障保护	运行指示灯灭 3s 闪烁 24 次	
LC	启动失败	制热指示灯灭 3s 闪烁 11 次	压缩机故障、控制板采样电路异常、冷媒灌注量过多、接线松脱
LD	欠相、缺相		外壳有可能带电
LE	压缩机堵转	运行指示灯灭 3s 闪烁 22 次	压缩机电流大
LF	压缩机超速保护或超频保护		
LH	室内环境湿度过高报警		
LL	室内环境湿度过低报警		
LP	室外机不匹配	运行指示灯灭 3s 闪烁 19 次	室内、外机控制器不匹配
LU	压缩机功能限、降频	制热指示灯灭 3s 闪烁 24 次	
n7	电磁二通阀故障		
no	变频显示板（主板）不接收数据或接收到数据不处理		
oE	室外环境温度异常		室外直流风机、室外机控制器故障
P0	驱动模块复位		
P5	驱动板检测压缩机过流	制热指示灯灭 3s 闪烁 15 次	
P6	驱动板与主控通信故障	制热指示灯灭 3s 闪烁 16 次	
P7	散热片或 IPM、PFC 模块温度传感器异常	制热指示灯灭 3s 闪烁 18 次	室外机控制器模块感温包电路故障
P8	散热片或 IPM、PFC 模块温度过高	制热指示灯灭 3s 闪烁 19 次	室外机控制器故障、模块散热不良

续表

代 码	代码含义	室内机指示灯显示	故障部位/故障原因
P9	交流接触器保护		
PA	交流电流保护（输入侧）		
Pb	电量计量传感器故障		
Pc	电流检测电路故障或电流传感器故障		
Pd	传感器连接保护（电流传感器未接到对应的U相或V相）		
PE	温漂保护（电器盒湿度偏移保护）		
PF	驱动板上环境感温包故障		
PH	直流输入电压过高	制冷指示灯灭3s闪烁11次	电网电压过高、室外机控制器故障
PL	直流输入电压过低	制热指示灯灭3s闪烁21次	电网电压过低、室外机控制器故障
Pn	低压限、降频（冷媒压力低压传感器）		
PP	交流输入电压异常		
PU	电容充电回路故障	制热指示灯灭3s闪烁17次	电抗器线松脱、室外机控制器故障
rF	RF射频模块故障		射频模块故障
U1	压缩机相电流检测电路故障	制热指示灯灭3s闪烁13次	压缩机线未接、控制器故障
U2	压缩机缺相保护	制热指示灯灭3s闪烁12次	外壳有可能带电
U3	直流母线电压跌落	制热指示灯灭3s闪烁20次	电网电压不稳
U4	压缩机反转	制冷指示灯灭3s闪烁14次	压缩机接线错误
U5	整机电流检测故障	制冷指示灯灭3s闪烁13次	
U6	油温温度过高保护	制冷指示灯灭3s闪烁16次	
U7	四通阀换向异常	制冷指示灯灭3s闪烁20次	感温包或控制器故障、电磁阀故障
U8	PG电动机（内风机）过零检测电路故障	运行指示灯灭3s闪烁17次	电源电压失常、室内控制器有问题
U9	外风机过零检测电路故障	运行指示灯灭3s闪烁18次	电源电压失常、室外控制器有问题
UC	清洗过滤网故障		
UH	室内机直流母线电压异常保护		

6.1.4 海尔壁挂式变频空调故障代码

	故障代码	代码含义	故障代码	代码含义
室内机	E1	室温传感器故障	E11	步进电动机故障
	E2	热交传感器故障	E12	高压静电器故障
	E3	总电流过流（分体机用）	E13	瞬时停电（制热过载）
	E4	EEPROM 有问题	E14	室内风机故障
	E5	制冷结冰	E15	集中控制故障
	E6	复位	E16	高压静电集尘故障
	E7	通信故障（内、外机之间）	E17	未用
	E8	面板与室内机通信故障	E18	未用
	E9	高负荷保护	E19	未用
	E10	温度传感器故障		
室外机	F1	模块故障（过热、过流短路）	F16	风机过流
	F2	无负载	F17	单片机 ROM 坏
	F3	通信故障	F18	电源过压保护
	F4	压缩机过热（吐出温度保护）	F19	电源欠压保护
	F5	总电流过流	F20	压力保护
	F6	环温传感器故障	F21	除霜温度传感器异常
	F7	热交传感器故障	F22	AC 电流保护
	F8	风机启动异常	F23	DC 电流保护
	F9	PFC 保护	F24	CPU 断线保护
	F10	制冷过载	F25	排气温度传感器故障
	F11	压缩机转子电路故障	F26	电子膨胀阀故障
	F12	室外 EEPROM 出错	F27	未用
	F13	压缩机强制转换失败	F28	未用
	F14	风机霍尔元件故障	F29	未用
	F15	风机 IPM 过热		

备注：适用于海尔 KFR-28（35）GW/15DCA21AU1、KFR-28（35）GW/U（DBPZXF）等机型。

6.1.5 海尔柜式变频空调故障代码

故障代码	代 码 含 义	故障代码	代 码 含 义	
F1	室内温度传感器故障	F5	室内制冷防结冻保护	室内机
F2	室内热交传感器故障	F7	面板内机通信故障	
F3	室内EEPROM故障	FC	开门指示	
F4	室内制热过载保护			
E1	IPM模块故障	EC	室外制冷过载	室外机
E2	无负载（保留）	EE	室外EEPROM故障	
E3	室内、外机通信故障	EF	室外回气传感器故障	
E4	压缩机过热	E16	室外压缩机吸气温度过高	
E5	CT电流异常/过流或CT传感器坏	E17	室外直流风机异常（保留）	
E6	室外环温传感器故障	E18	室外控制板与模块通信故障	
E7	室外热交传感器故障	E19	室内直流风机异常	
E9	压缩机传感器故障	E20	压力保护	
EA	电源过压保护	E21	压缩机故障	

备注：适用于海尔KFR-50（60、68）LW/U（DBPZXF）等机型

故障代码	代 码 含 义	故障代码	代 码 含 义	
E1	IPM模块故障	EC	室外制冷过载	室内机
E2	无负载（保留）	EE	室外EEPROM故障	
E3	室内、外机通信故障	EF	室外回气传感器故障	
E4	压缩机过热	E16	室外压缩机吸气温度过高	
E5	CT电流异常/过流或CT传感器坏	E17	室外直流风机异常	
E6	室外环温传感器故障	E18	室外控制板与模块通信故障	
E7	室外除霜传感器故障	E19	室内直流风机异常	
E9	排气传感器故障	E20	压力保护	
EA	电源电压过高或过低	E21	压缩机故障	
F1	环温传感器短、断路故障	F13	读EEP ROM错误	室外机
F2	热交温度传感器短、断路故障	F14	写EEP ROM错误	
F3	排气温度传感器短、断路	F15	直流风机故障	
F4	直流压缩机反馈	F16	无交流电源	
F5	室外机通信故障	F17	吸气传感器短、断路故障	
F6	过电流	F19	直流压缩机失速保护	
F7	无负载	F21	盘管A传感器短、断路故障	
F8	过、欠压	F22	盘管B传感器短、断路故障	
F9	直流压缩机启动失败	F31	A机通信故障	
F10	制冷过载	F32	B机通信故障	
F12	IPM保护（DC电流保护）			

备注：适用于海尔KR-(50L/U(ZF)+25G/U(ZF))68W/(DBP)等直流变频柜机，该机与以往50交流变频机上电方式不同，为室外进电，即整机不带电源线，为用户配线使用YZW线，线径推荐2.5mm²以上。

6.1.6 美的变频空调故障代码

代码	代码含义	代码	代码含义
E0	EEPROM 参数错误指示	E5	室外温度传感器故障或室外机故障
E1	室内机和室外机通信故障	E6	室内温度传感器故障
E2	过零检测出错	E7	室外风机速度失控故障
E3	风机速度失控故障	E8	显示板通信故障
E4	温度保险丝断开保护	E9	IPM 模块故障
P0	模块保护	P2	压缩机顶部温度保护
P1	电压过高或过低保护	P4	直流变频压缩机位置保护

备注：以上为壁挂式空调。

代码	代码含义	代码	代码含义
P0	IPM 模块故障	E0	EEPROM 参数出错
P1	电压过高或过低保护	E1	传感器有问题
P2	压缩机顶部温度保护	E2	传感器故障
P4	室内蒸发器高温或低温保护关压缩机	E3	排气传感器故障或室外机参数出错
P5	室外冷凝器高温保护关压缩机	E5	主控板与显示按键板通信异常
P6	直流变频压缩机位置保护	E8	室内、外通信故障
P7	室外排气温度过高关压缩机	E9	开、关门故障
P8	模式冲突	Eb	室内直流风机失控故障
P9	防冷风关风机	L0	蒸发器高、低温限频
PA	格栅保护	L1	冷凝器高温限频
Pd	电流保护	L2	压缩机排气高温限频
		L3	电流限频

备注：以上为框式空调。

6.1.7 志高变频空调故障代码

代码	代码含义	检查部位
F1	室内、外机通信故障	（1）检查接线是否错误；（2）检查通信线是否脱落或接触不良；（3）检测 220V 输入电压；（4）检查整流桥、PFC、IPM 模块输出电压
F2	室内环境温度传感器故障	（1）室内温度传感器脱落；（2）室内温度传感器短路或损坏
F3	室内盘管（包括入口、管中、出口）温度传感器故障	（1）室内温度传感器脱落；（2）室内温度传感器短路或损坏
F4	室内风机故障	（1）室内风机线脱落或损坏；（2）室内板损坏；（3）电动机本身问题

续表

代码	代码含义	检查部位
F5	室外模块故障	室外模块板问题
F6	室外环境温度传感器故障	(1) 室外温度传感器脱落;(2) 温度传感器短路或损坏
F7	室外盘管温度传感器故障	(1) 温度传感器脱落;(2) 温度传感器短路或损坏
F8	压缩机吸气(回气)温度传感器故障	(1) 温度传感器脱落;(2) 温度传感器短路或损坏
F9	压缩机排气温度传感器故障	(1) 温度传感器脱落;(2) 温度传感器短路或损坏
FA	电流、电压互感器故障	检查电源板问题
FD	电源相序错或缺相故障	变频板有问题
FC	压缩机驱动异常故障	(1) 检查压缩机 U、V、W 接线及模块板上 P、N 的连接线是否松脱;(2) 模块板损坏
FE	回气传感器异常故障	(1) 传感器脱落;(2) 传感器短路或损坏
FF	其他故障	缺氟或其他故障
FH	室外直流风机故障	风机故障
P1	蒸发器温度保护故障	系统故障,清洗蒸发器或更换室内机(制冷时,当温度低于-1℃;制热时,当温度高于 73℃)
P2	变频模块过热、过流保护故障	(1) 检测室外风扇电动机有问题;(2) 系统异常;(3) 清洗冷凝器或更换室外机
P3	交流输入电流过大保护故障	系统异常,清洗冷凝器或更换室外机
P4	压缩机排气温度保护故障	缺氟或系统异常(加氟或更换室外机)
P5	压缩机壳顶过热保护故障	制冷系统异常
P6	压缩机吸气(回气)温度保护故障	系统异常(更换室外机)
P7	电源过压、欠压保护故障	电压波动范围超过 165~265V,或电压传感器故障
P8	压缩机吸气低压保护故障	系统异常(更换室外机)
P9	压缩机排气高压保护故障	缺氟或系统异常(加氟或更换室外机)
PA	冷凝器盘管高温保护故障	外风扇电动机损坏或系统异常
PC	室外环境温度超温保护故障	制冷、制热时环境温度过低或过高,或传感器故障
PH	缺氟或换向阀保护故障	缺氟或换向阀正常保护
PF	其他保护故障	

6.2 空调器芯片资料

❓ 1. 变频空调键控芯片 TS08N 参考应用电路（见图 6-1）

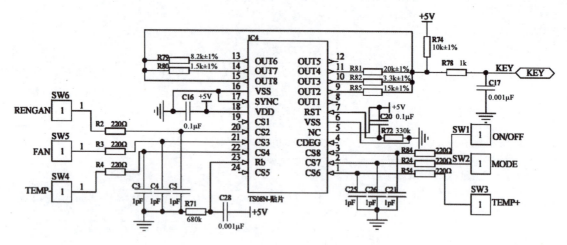

图 6-1　变频空调键控芯片 TS08N 参考应用电路

❓ 2. 变频空调开关电源 TOP-258PN 芯片参考电路（见图 6-2）

❓ 3. 变频空调显示及网络芯片 MC908JL16CFJE 参考应用电路（见图 6-3）

❓ 4. 变频空调主板芯片 R5F212A7SNFA 应用电路（见图 6-4）

第 6 章 互联网+APP 资料查阅

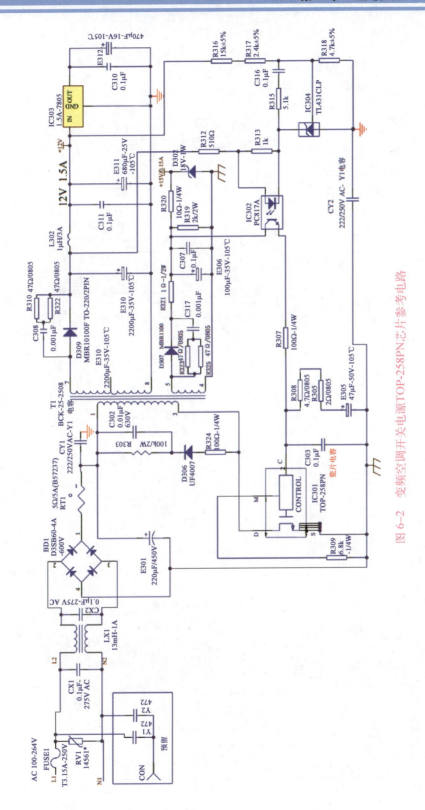

图 6-2 变频空调开关电源 TOP-258PN 芯片参考电路

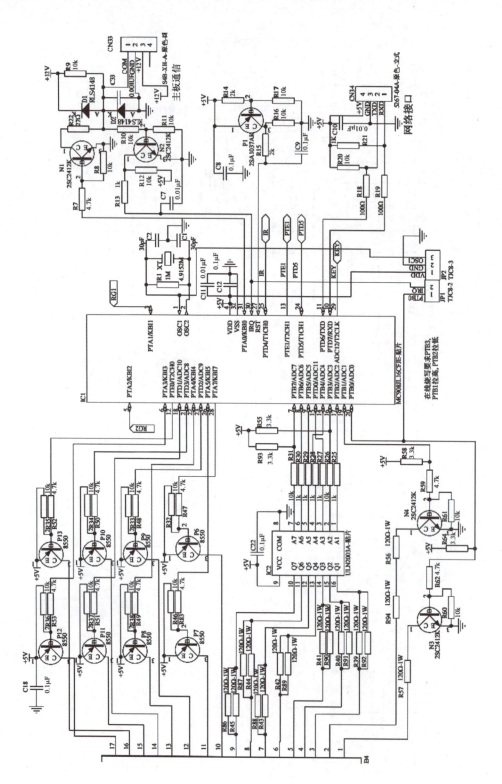

图6-3 变频空调显示及网络芯片MC908JL16CFJE参考应用电路

第6章 互联网+APP资料查阅

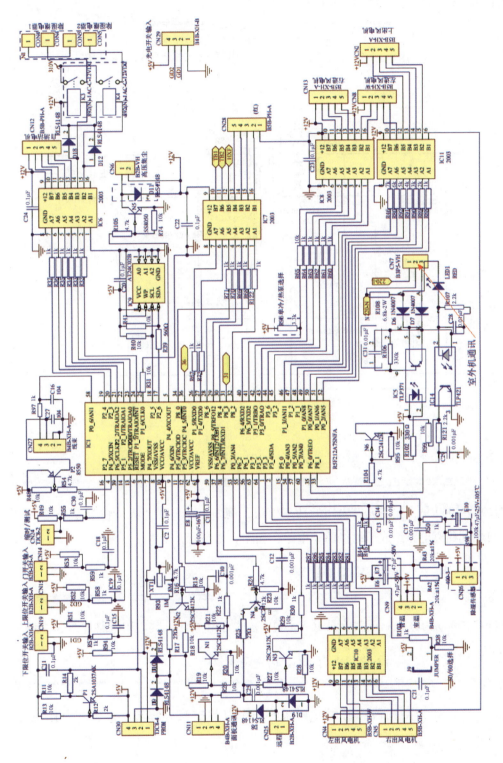

图6-4 变频空调主板芯片R5F212A7SNFA应用电路

5. 隔离式开关电源 TNY266P 应用电路

TNY266P 是一款 10W 高效小功率隔离式开关电源用集成电路，其应用电路如图 6-5 所示。

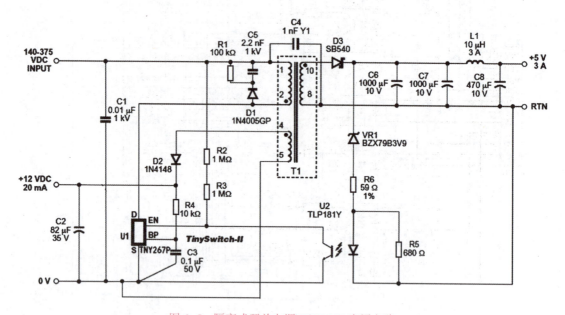

图 6-5　隔离式开关电源 TNY266P 应用电路

6. 功率模块 PM20CTM060 变频压缩机驱动应用电路

PM20CTM060 是变频空调常采用的功率模块，例如，在长虹"大清快"系列变频空调电路中与光耦隔离电路组成压缩机驱动电路，如图 6-6 所示。

7. 功率模块 PM50CSD060 应用电路

PM50CSD060 为日本三菱六单元 10A/600V 智能 IPM 模块，其应用电路如图 6-7 所示。

8. 功率整流 STK760-221A 集成电路应用电路

该功率整流作为空调器和通用变频器的一个单相整流有源转换器，其应用电路如图 6-8 所示。

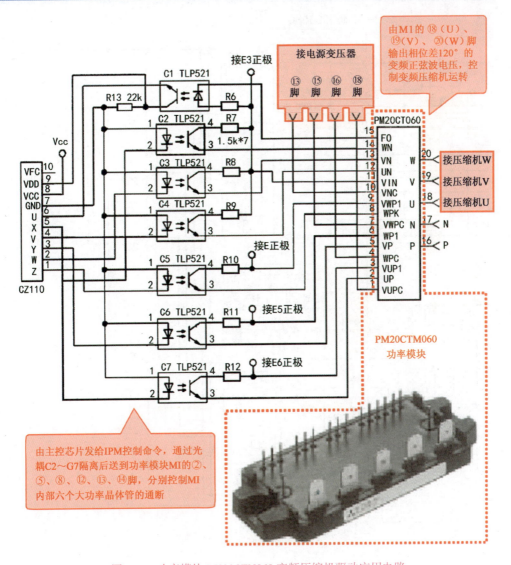

图 6-6 功率模块 PM20CTM060 变频压缩机驱动应用电路

9. 控制器 U6815BM 应用电路

U6815BM 是带串行输入控制的双六角 DMOS 输出驱动器，其应用电路如图 6-9 所示。

10. 离线式集成开关电源 NCP1200P60 应用电路

离线式开关电源集成电路 NCP1200P60 应用电路如图 6-10 所示。

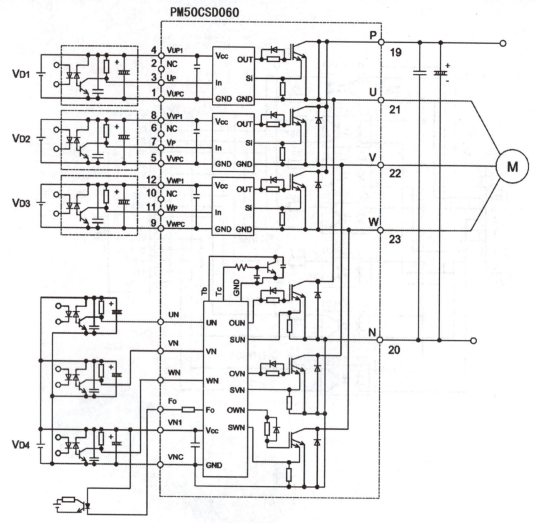

图 6-7 功率模块 PM50CSD060 应用电路

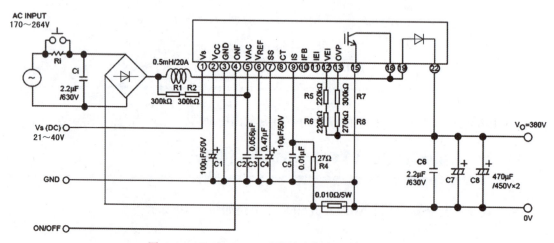

图 6-8 STK760-221A 功率整流集成电路应用电路

第6章 互联网+APP 资料查阅

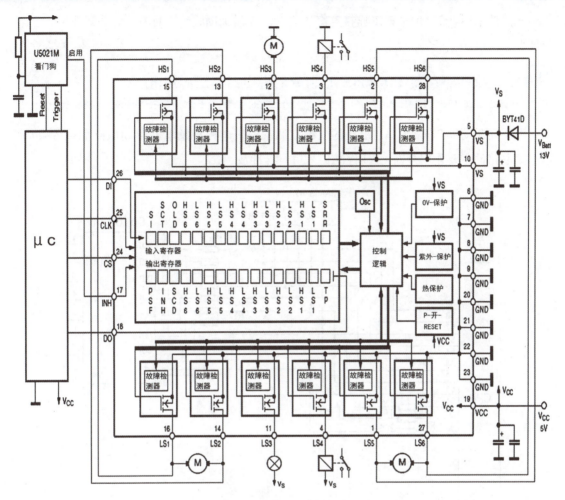

图 6-9 控制器 U6815BM 应用电路

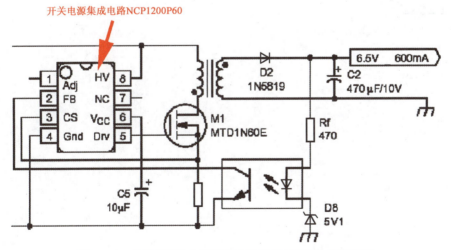

图 6-10 离线式开关电源集成电路 NCP1200P60 应用电路

该器件采用外部 MOSFFET 连接、高压启动、无需辅助绕组，具有故障自动保护、外接元件少、待机功耗低等特点。

11. 由反向驱动器 TD62003AP 组成的继电器驱动应用电路

由反向驱动器 TD62003AP 组成的变频空调室外机电控板继电器驱动电路如图 6-11 所示。该电路的主要作用是对 CPU 控制信号进行缓冲放大。

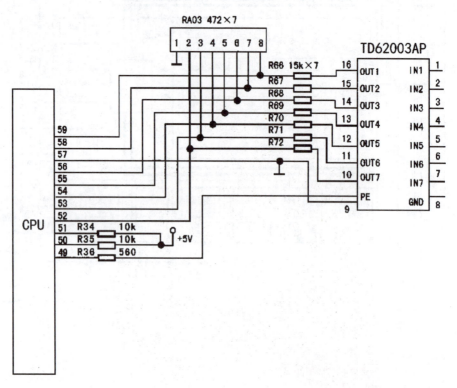

图 6-11　由反向驱动器 TD62003AP 组成的继电器驱动应用电路

6.3 变频空调器电路维修指导

1. 海信 KFR-26GW/11BP 变频空调内机板实物维修指导（见图 6-12）

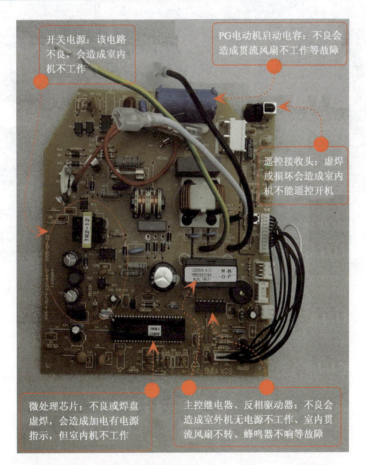

图 6-12　海信 KFR-26GW/11BP 变频空调内机板实物维修指导

2. 海信 KFR-2601GW/BP 变频空调外机板实物维修指导（见图 6-13）

图 6-13 海信 KFR-2601GW/BP 变频空调外机板实物维修指导

3. 海尔 KFR-35GW/15DCA21AU1 全直流变频空调外机板实物维修指导（见图 6-14）

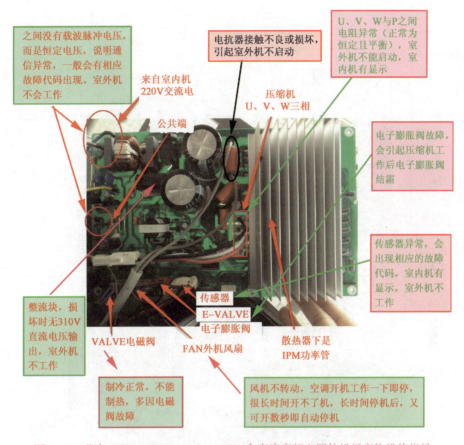

图 6-14 海尔 KFR-35GW/15DCA21AU1 全直流变频空调外机板实物维修指导

4. 海尔 KFR-35GW/15DCA21AU1 全直流变频空调内机板实物维修指导（见图 6-15）

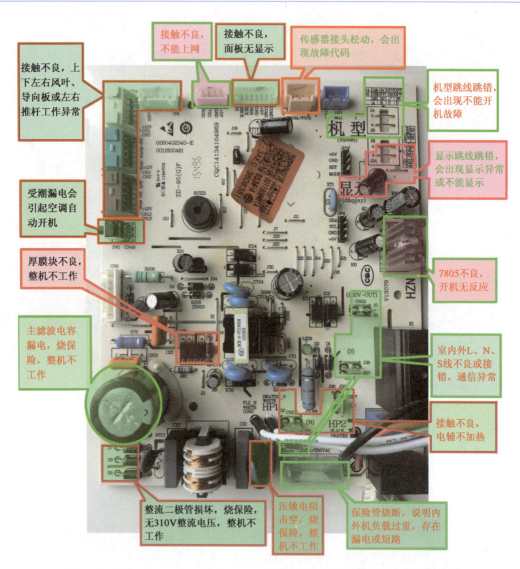

图 6-15　海尔 KFR-35GW/15DCA21AU1 全直流变频空调内机板实物维修指导

反侵权盗版声明

电子工业出版社依法对本作品享有专有出版权。任何未经权利人书面许可，复制、销售或通过信息网络传播本作品的行为；歪曲、篡改、剽窃本作品的行为，均违反《中华人民共和国著作权法》，其行为人应承担相应的民事责任和行政责任，构成犯罪的，将被依法追究刑事责任。

为了维护市场秩序，保护权利人的合法权益，本社将依法查处和打击侵权盗版的单位和个人。欢迎社会各界人士积极举报侵权盗版行为，本社将奖励举报有功人员，并保证举报人的信息不被泄露。

举报电话：(010) 88254396；(010) 88258888

传　　真：(010) 88254397

E-mail：dbqq@phei.com.cn

通信地址：北京市海淀区万寿路 173 信箱
　　　　　电子工业出版社总编办公室

邮　　编：100036